全栈工程师 系列丛书

Grails 技术精解与开发实战

郭宏宸 王永超 贺大庆 编著

人民邮电出版社

北京

图书在版编目（CIP）数据

Grails技术精解与开发实战 / 郭宏宸，王永超，贺大庆编著. -- 北京 : 人民邮电出版社，2021.5
ISBN 978-7-115-54051-5

Ⅰ. ①G… Ⅱ. ①郭… ②王… ③贺… Ⅲ. ①网页制作工具 Ⅳ. ①TP393.092.2

中国版本图书馆CIP数据核字(2020)第082797号

内 容 提 要

本书的内容主要分为 3 部分，共 9 章。第 1 部分（第 1 章与第 2 章）为 Grails 框架初探，主要从基本概念出发，介绍 Grails 框架的历史、特征以及组成部分，通过项目引导读者入门，并对 Groovy 进行了基本介绍。第 2 部分（第 3 章到第 8 章）为 Grails 框架核心特性，介绍 Grails 框架的核心部分，分模块、分功能、多角度对框架进行系统性讲解。第 3 部分（第 9 章）为应用实例，以学生信息管理系统为例，从项目创建、数据模型设计、业务逻辑处理、页面渲染到系统测试与部署，全面介绍 Grails 项目开发流程。

本书结合丰富的代码示例与项目实战，对 Grails 框架的结构与用法做了深入解析。同时，作为技术指导书，本书提供了实例项目的代码库，为开发人员提供良好的学习材料。

本书的目标读者是具有 Java 语言基础，并希望学习 Java EE 的开发人员，以及具有 Web 框架使用经验，并希望尝试新框架来提高开发效率的开发者。

◆ 编　　著　郭宏宸　王永超　贺大庆
责任编辑　刘　博
责任印制　王　郁　马振武

◆ 人民邮电出版社出版发行　　北京市丰台区成寿寺路 11 号
邮编　100164　　电子邮件　315@ptpress.com.cn
网址　https://www.ptpress.com.cn
北京鑫正大印刷有限公司印刷

◆ 开本：787×1092　1/16
印张：18　　2021 年 5 月第 1 版
字数：416 千字　　2021 年 5 月北京第 1 次印刷

定价：69.80 元

读者服务热线：(010)81055256　印装质量热线：(010)81055316
反盗版热线：(010)81055315
广告经营许可证：京东市监广登字 20170147 号

前　言

在企业开发领域，Java EE 以其丰富的生态、优良的性能和较低的学习成本拥有很高的地位。尤其在 Spring 框架出现并不断发展后，Java EE 获得了更广泛的应用，深受开发者喜爱。

在早期的 Java EE 开发中，应用得比较多的是 SSH（Struts + Spring + Hibernate）组合框架。具有开发经验的读者会深切地感受到，在利用 SSH 框架开发应用系统时，需要关注大量的 XML 配置，这使得开发过程过于复杂。随着开发者对开发效率的要求越来越高，以 Java 为代表的静态语言显得越来越力不从心，而动态语言越来越受追捧。在此背景下，基于 Groovy 语言的 Grails 框架应运而生。Grails 框架基于"约定优于配置"的原则，大大减少了配置内容，该框架使用的 Groovy 动态语言及其提供的特性也极大地提高了开发效率。同时，由于 Groovy 具有完全兼容 Java 的特性，在使用 Grails 框架时可以将 Java 历史代码集成到 Grails 项目中，减轻了开发者在更换技术框架时的负担。

本书系统讲述了 Grails 框架的各种特性，包括 Groovy 语言、模型（Domain）、控制器（Controller）、页面展示、插件体系（Plugin）以及项目的测试（Testing）、部署（Deployment）等。在讲解过程中，本书针对 Grails 框架的各项特性提供了丰富的代码示例，以引导读者逐渐熟悉并掌握 Grails 框架的应用。本书同时对 Web 项目的结构、开发过程进行详细讲解，采取实例代码与编程思想相结合的讲述方式，以实战项目为切入点，向读者详细介绍如何使用 Grails 框架进行项目开发。

虽然 Grails 框架是较新的 Web 系统开发框架，但学习成本相对较低，如果读者具有 Java 语言基础或 Web 框架开发经验，跟随本书学习将很快掌握 Grails 框架的核心特性，体验 Grails 框架所带来的高效和便捷。本书主要面向以下人员。

- **Java EE 的初学者**

具有 Java 语言基础，并希望学习 Java EE 的开发人员。

- **希望尝试新框架，并提升开发效率的 Java EE 开发人员**

具有 Web 框架使用经验，并希望尝试新框架来提高效率的开发者。

编　者

2021 年 1 月

目　录

第 1 部分　Grails 框架初探

第 1 章　Grails 框架简介 …… 3
1.1　什么是 Grails 框架 …… 3
1.1.1　Grails 框架的历史 …… 3
1.1.2　Grails 框架的核心特征 …… 4
1.1.3　Grails 框架的应用框架 …… 5
1.1.4　Grails 框架的应用结构 …… 6
1.2　建立开发环境 …… 7
1.2.1　安装 SDKMAN …… 7
1.2.2　安装 Java JDK …… 7
1.2.3　安装 Grails …… 8
1.2.4　安装集成开发环境 …… 8
1.2.5　代码版本控制 …… 9
1.3　Hello Grails 示例项目 …… 9
1.3.1　创建 Grails 应用 …… 9
1.3.2　Grails 框架应用目录结构 …… 10
1.3.3　创建控制器 …… 11
1.3.4　创建模型 …… 12
1.3.5　利用脚手架特征 …… 15
1.4　本章小结 …… 16

第 2 章　Groovy 动态语言 …… 17
2.1　Groovy 基础 …… 17
2.1.1　Groovy 运行环境安装 …… 17
2.1.2　基本语法 …… 20
2.1.3　数据类型 …… 23
2.1.4　运算符 …… 24
2.1.5　断言语句 …… 28
2.1.6　类与对象 …… 29
2.2　Groovy 集合类型 …… 33
2.2.1　列表 …… 33
2.2.2　映射 …… 36
2.2.3　范围 …… 38
2.2.4　集合类型的语法增强 …… 39
2.3　Groovy 闭包 …… 40
2.3.1　闭包声明 …… 41
2.3.2　闭包使用 …… 41
2.3.3　闭包中的参数 …… 42
2.3.4　GString 中使用闭包 …… 43
2.3.5　闭包中的 curry() 方法 …… 45
2.4　本章小结 …… 46

第 2 部分　Grails 框架核心特性

第 3 章　数据访问 …… 49
3.1　对象关系映射基础 …… 49
3.2　基本 CRUD 操作 …… 50
3.2.1　创建 …… 50
3.2.2　读取 …… 51
3.2.3　更新 …… 52
3.2.4　删除 …… 53
3.3　GORM 基础配置 …… 53
3.3.1　数据源配置 …… 53
3.3.2　配置项参考 …… 56
3.3.3　映射与约束 …… 57

3.3.4 Hibernate 配置 ········ 58

3.4 GORM 建模 ········ 58

3.4.1 关联关系 ········ 60

3.4.2 组合关系 ········ 67

3.4.3 继承关系 ········ 68

3.4.4 容器类型 ········ 69

3.4.5 建模辅助 ········ 71

3.5 持久化 ········ 72

3.5.1 事务的延迟写 ········ 72

3.5.2 数据保存 ········ 73

3.5.3 数据删除 ········ 74

3.5.4 级联删除与更新 ········ 75

3.5.5 即时加载与延迟加载 ········ 79

3.5.6 乐观锁与悲观锁 ········ 83

3.5.7 修改检查 ········ 85

3.6 GORM 查询 ········ 86

3.6.1 list() 方法和 get() 方法 ········ 86

3.6.2 动态查询 ········ 87

3.6.3 Where 查询 ········ 90

3.6.4 标准条件查询 ········ 98

3.6.5 HQL 查询 ········ 103

3.7 GORM 高级特性 ········ 104

3.7.1 事件与时间戳 ········ 105

3.7.2 自定义 ORM 映射 ········ 109

3.7.3 默认排序 ········ 109

3.7.4 编程式事务 ········ 110

3.8 数据服务层 ········ 112

3.8.1 Data Service 基础 ········ 112

3.8.2 查询操作 ········ 116

3.8.3 写操作 ········ 120

3.8.4 参数校验 ········ 121

3.9 多数据源 ········ 121

3.9.1 配置多数据源 ········ 122

3.9.2 模型与数据源映射 ········ 122

3.9.3 多数据源使用 ········ 124

3.10 多租户 ········ 125

3.10.1 多租户模式 ········ 125

3.10.2 配置 ········ 126

3.10.3 使用多租户 ········ 126

3.11 数据约束 ········ 129

3.11.1 定义约束 ········ 130

3.11.2 约束总结 ········ 131

3.12 本章小结 ········ 132

第 4 章 控制器 ········ 133

4.1 控制器与动作 ········ 133

4.2 视图 ········ 134

4.2.1 创建视图参数模型 ········ 134

4.2.2 选择视图文件 ········ 135

4.2.3 多样化响应 ········ 137

4.3 作用域变量 ········ 138

4.4 重定向 ········ 142

4.4.1 redirect() 方法 ········ 142

4.4.2 chain() 方法 ········ 143

4.5 数据绑定 ········ 144

4.5.1 绑定基本数据类型属性 ········ 145

4.5.2 绑定集合类型属性 ········ 147

4.5.3 绑定请求数据 ········ 150

4.5.4 Action 参数绑定 ········ 151

4.5.5 bindData() 方法 ········ 152

4.6 XML 与 JSON 响应 ········ 154

4.6.1 内容协商 ········ 154

4.6.2 使用 format 参数指定请求的内容格式 ········ 156

4.6.3 使用 Accept header 指定请求格式 ········ 157

4.6.4 使用 URL 扩展名指定请求格式 ········ 157

4.6.5 使用 respond 返回请求数据 ········ 157

4.6.6 使用 JSON Views 输出数据 ········ 158
4.6.7 使用 render() 方法返回 JSON ········ 159
4.7 命令对象 ········ 159
4.7.1 定义命令对象 ········ 159
4.7.2 使用命令对象 ········ 161
4.7.3 命令对象与请求参数名称 ········ 163
4.7.4 命令对象与请求体绑定 ········ 165
4.8 异常处理 ········ 166
4.9 URL 映射 ········ 167
4.9.1 控制器与方法的映射 ········ 168
4.9.2 使用 URL 映射进行重定向 ········ 169
4.9.3 绑定变量 ········ 169
4.9.4 视图以及请求、响应映射 ········ 171
4.9.5 映射中的 URL 通配符 ········ 172
4.9.6 链接自动重写 ········ 173
4.9.7 映射中添加约束 ········ 173
4.10 拦截器 ········ 174
4.10.1 拦截条件配置 ········ 175
4.10.2 拦截器优先级配置 ········ 176
4.11 本章小结 ········ 176
第 5 章 GSP 页面展示 ········ 178
5.1 GSP 基础 ········ 178
5.2 GSP 标签 ········ 180
5.2.1 GSP 标签基本用法 ········ 181
5.2.2 调用标签 ········ 184
5.3 视图与模板 ········ 185
5.3.1 共享模板 ········ 185
5.3.2 在控制器中使用模板 ········ 186
5.4 布局 ········ 186
5.5 静态资源 ········ 188
5.6 自定义标签 ········ 190
5.6.1 逻辑控制 ········ 192
5.6.2 循环显示 ········ 192
5.6.3 标签命名空间 ········ 193
5.7 脚手架 ········ 193
5.7.1 动态脚手架 ········ 194
5.7.2 静态脚手架 ········ 194
5.8 国际化 ········ 195
5.8.1 读取消息 ········ 195
5.8.2 消息参数 ········ 196
5.9 本章小结 ········ 197
第 6 章 服务层 ········ 198
6.1 服务层基础 ········ 198
6.2 Service 作用域 ········ 199
6.3 事务处理 ········ 200
6.3.1 使用事务 ········ 200
6.3.2 事务与 session ········ 202
6.4 依赖注入 ········ 204
6.5 本章小结 ········ 205
第 7 章 测试 ········ 206
7.1 测试框架 Spock ········ 207
7.2 单元测试 ········ 208
7.3 集成测试 ········ 211
7.3.1 事务 ········ 212
7.3.2 注入 ········ 212
7.4 功能测试 ········ 213
7.4.1 Geb ········ 213
7.4.2 REST 接口测试 ········ 214
7.5 本章小结 ········ 215
第 8 章 插件体系 ········ 217
8.1 创建插件 ········ 217
8.1.1 开发插件 ········ 219
8.1.2 使用插件与发布插件 ········ 221
8.2 插件高级特性 ········ 222
8.2.1 doWithSpring() ········ 223
8.2.2 doWithApplicationContext() ········ 225

8.2.3 doWithDynamicMethods() ······ 225
8.2.4 onChange() ······ 226
8.2.5 组件加载顺序 ······ 227
8.3 自定义组件 ······ 228
8.4 本章小结 ······ 233

第 3 部分 应用实例

第 9 章 Grails 框架开发实例实践 ······ 237
9.1 环境准备 ······ 238
9.1.1 创建应用程序 ······ 238
9.1.2 修改配置 ······ 240
9.2 创建模型 ······ 242
9.3 构建业务模型 ······ 244
9.4 创建页面模板 ······ 247
9.4.1 修改 layout ······ 247
9.4.2 修改 templates 文件 ······ 248
9.4.3 编写 GSP 文件 ······ 249
9.4.4 使用 fields 插件定制内容显示 ······ 251
9.4.5 使用 Taglib ······ 256
9.5 认证和权限控制 ······ 257
9.6 自定义 Action 和 Service 使用 ······ 261
9.7 记录查询 ······ 267
9.7.1 添加查询表单 ······ 267
9.7.2 编写 index() 方法 ······ 269
9.7.3 联合查询 ······ 270
9.8 多租户的实现 ······ 271
9.9 项目测试 ······ 273
9.9.1 测试模型约束条件 ······ 273
9.9.2 测试控制器方法请求 ······ 275
9.9.3 集成测试服务层功能 ······ 276
9.10 构建部署 ······ 277
9.10.1 独立部署 ······ 277
9.10.2 容器部署 ······ 278
9.10.3 使用 Docker 镜像 ······ 278
9.10.4 启用 HTTPS ······ 279
9.11 本章小结 ······ 280

第1部分

Grails框架初探

第 1 章 Grails 框架简介

欢迎各位读者开启 Grails 框架学习之旅!

对于大多数没有接触过 Grails 框架的开发人员来说，探索一个全新的框架意味着一段痛苦的旅程，刚开始的时候会感觉无从下手，各种概念更是难以理解。但是跟随着我们的讲解，一个清晰的 Grails 框架会慢慢地展现出来，其中 Grails 框架优良的特性也会时不时带给你惊喜，让你感叹它便捷的同时，也让你产生深入探究它的渴望。

本章是写给 Grails 框架初学者的入门章节。我们会从 Grails 框架的设计理念出发，讲述它独有的特性，同时针对该框架涉及的技术模块进行说明，以此为入门者展示框架的全貌。我们现在站在 Grails 框架旅途起点，从搭建开发环境开始进行示例项目的展示，读者们可以大致了解 Grails 框架的开发模式与系统设计形式，在这个过程中，我们以了解 Grails 框架全貌为主，暂时不用着眼于具体的细节。同时也希望刚刚接触 Grails 框架的读者能够跟随讲解，实际参与到一个项目从搭建到运行的过程中。

1.1 什么是 Grails 框架

Grails 框架是一种基于模型—视图—控制器（Model—View—Controller，MVC）设计模式的使用 Groovy 和 Java 编程语言的 Web 应用敏捷开发框架。它构建于 Spring、Hibernate 等标准 Java 框架之上，可以帮助开发人员简单、快速地构建和发布应用服务。它与 Java 语言的 JFinal、Scala 语言的 Play、Python 语言的 Django、Ruby 语言的 Ruby on Rails（RoR）概念相似，属于 Web 服务开发框架。

1.1.1 Grails 框架的历史

2008 年，第一版 Grails 框架发布，并在之后的十年间进行了多次更新，至本书编写时已发布版本 4.0.4。很多人会说，现在已经有了很多开发框架，为什么还要再建立一个 Grails 框架? 在 Grails 框架出现之前，很多 Java 系的 Web 开发框架都非常复杂，需要大量的信息配置，门槛高而且不方便使用，让开发人员倍感痛苦。但是由于 Java 语言的跨平台特点和性能优势，很多组织或者公司的系统在 Java 相关开发框架下已经运行多年，投入了大量的时间成本和人力成本，也积累了在 Java 平台上实现各种业务内容的丰富经验，使得这些组织或者公司的系统难以摆脱原有的 Java 技术体系。因此在现实生产中急需一种既能与原有的 Java 技术相结合，又能减少开发人员工作量的框架。

2004 年，RoR 框架出现。它的设计思想“约定优于配置”贯穿整个框架，为开发过程省去了很多不必要的配置过程。同样是基于 MVC 设计模式，应用系统不同的组件被框架统一地放到固定的目录下。RoR 与传统的 Java 相比，省去了在 XML 文件中进行配置的工作，同时有更加灵活、强大的编程语言 Ruby 的加持，可以用很少的代码实现业务过程。因此 RoR 得到了很多开发人员的关注，它为解决 Java 开发痛点提供了可行思路。

Grails 框架便是在 RoR 的设计思想下产生的。它使用语法更加灵活、更加简洁的编程语言 Groovy，通过借鉴“约定优于配置”思想，使得开发效率大幅提升。虽然 RoR 也适合敏捷开发，效率与 Grails 框架相差无几，但是 Grails 框架的优势是 Groovy 语言可以与 Java 完美结合。这一优势使得开发者之前在 Java 上的投入不至于被丢弃，无须重新探索和创造“轮子”，Java 框架下多年积累起来的技术得以继续使用，如 Spring、Hibernate，以及 Jetty、SiteMesh、Quarts 等。另一个重要的原因是针对 Java 开发人员来说，Groovy 拥有几乎水平的学习曲线。

因此 Grails 框架不仅提升了开发效率，同时也拥有更加友好的生态环境，它将 Rails 的思想带到了 Java 虚拟机（Java Virtual Machine，JVM）上，并且使用更加优美的方式集成到 JVM 环境。

1.1.2　Grails 框架的核心特征

我们通过了解 Grails 框架的产生历程，知道它的出现解决了一些实际问题，从中我们也总结了该框架的一些特征。

（1）约定优于配置

Grails 框架中需要配置的信息很少，默认情况下，不同组成部分的代码具有不同的特征，存放在不同的路径下，框架可以根据约定自动构建。也可以使用配置文件来定义每个部分，约定优于配置，而不会代替配置。

（2）运行时加载

Grails 框架出现前，常用的 Java Web 开发框架在每次更改之后都需要重新编译和启动 Web 服务。Grails 使用了 Groovy 动态语言，在开发过程中对代码的更改可以在运行时进行加载，无须重新启动 Web 服务，刷新页面即可测试更改内容。

（3）兼容 Java

Grails 框架使用 Groovy 编程语言，直接运行在 JVM 上，并且完全支持 Java 语法，可以移植已有的 Java 技术。

（4）支持模板与脚手架

只需要重点关注业务逻辑部分，按照约定模式进行开发，就能够快速地创建应用，高效地完成开发任务。

（5）**插件丰富**

Grails 框架很多重要的特性都是以插件的形式提供的，比如显示的 Groovy 服务器页面（Groovy Server Pages，GSP），甚至 Hibernate 框架很多特性也是以插件的形式提供的。同时 Grails 框架开放社区也提供了很丰富的插件，开发人员也可以定制自己的插件，提升开发速度。

1.1.3　Grails 框架的应用框架

Grails 框架如图 1.1 所示。Grails 框架建立在 Spring Boot、GORM、SiteMesh、LogBack 等成熟框架之上，借助 Groovy 动态语言实现了与 Java 语言的结合。Grails 3.0 之后的版本使用 Gradle 作为构建工具，省去了烦琐的依赖配置过程。在这些基础之上，Grails 框架拥有丰富的插件体系来实现常见的功能，同时 Profile 概念的引入可实现快速建立项目完成业务开发。Grails 框架中关键概念包含以下 8 个。

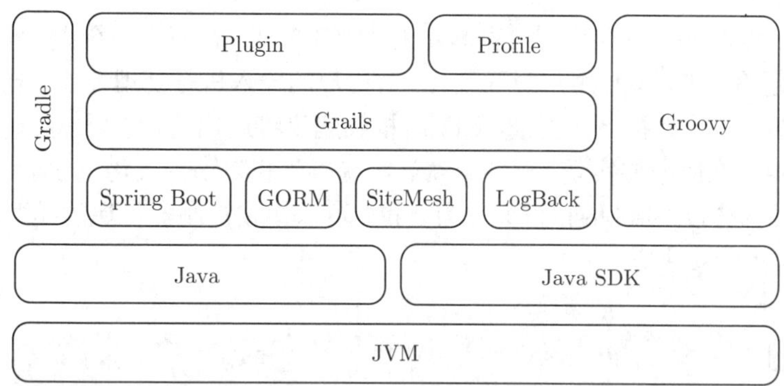

图 1.1　Grails 框架

（1）**Groovy**

Grails 框架使用 Groovy 语言编写，Groovy 是运行在 JVM 上的一种动态语言，类似于 Ruby、PHP、Python 等其他动态语言，但是 Groovy 支持静态类型和静态编译，提供了更高的运行效率，并且完全兼容 Java，对 Java 开发者友好。

（2）**MVC**

Grails 框架实质上仍遵循 MVC 框架理念。

（3）**Gradle**

Gradle 是 Grails 框架中使用的构建工具，它支持 Groovy 领域特定语言（Domain Special Language，DSL）作为描述文件，可以用来说明引用的插件和类库，以及描述构建过程。并且 Gradle 有丰富的插件库，与 Grails 共同构建了功能强大的生态系统。

（4）**Spock**

Grails 框架以 Spock 作为测试框架，可以编写很多简洁的测试样例，无须编写过多模板，就可以快速、轻松地测试项目。

（5）**GORM**

Grails 框架提供一种对象关系映射（Object Relational Mapping, ORM）框架，称为 GORM，可以完成和关系型数据库的交互操作。

（6）**Spring Boot**

Grails 框架同时基于 Spring Boot 框架，控制器层面建立在 Spring Boot 上，对网络请求部分进行处理。

（7）**Spring**

Grails 框架是建立在 Spring MVC 基础之上的 Web 应用框架，继承和使用了 Spring 中的控制器逻辑、数据验证与绑定、运行时任务以及 GORM 中的事务管理。

（8）**Hibernate**

Grails 框架使用 Hibernate 实现模型与数据的映射。

1.1.4 Grails 框架的应用结构

图 1.2 所示为 Grails 框架应用遵循基本的 MVC 模式。在应用系统中，控制器可以接收并处理用户发起的请求，参与用户交互过程，对用户的输入进行处理并连接模型生成系统的输出。与传统的 MVC 架构不同的是，Grails 框架建议将过程复杂、处理耗时、涉及数据持久化的业务逻辑放在服务层实现，服务层默认实现事务和自动持久化，同时也可以使得代码层次分明。视图部分以 SiteMesh 框架作为支撑，可以接收控制器传递的模型参数并生成用户端页面或者结构化数据。

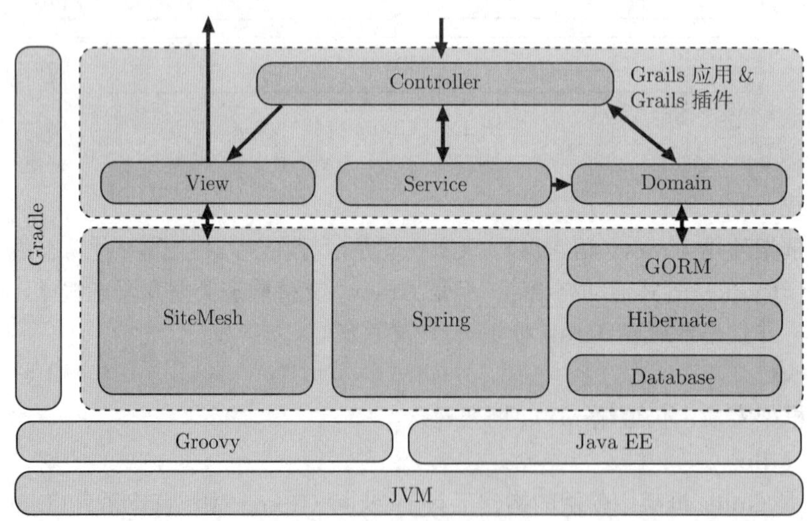

图 1.2 Grails 框架应用遵循基本的 MVC 模式

Grails 框架中 Profile 实现了常用开发模型的快速建立，同时 Grails 插件在一些具体功能上进行了抽象和实现，在系统上实现了功能的快速拼接。Grails 插件同样遵循基础的 MVC 模式，可以根据目标功能编写对应的控制器、服务层、模型与视图。

1.2 建立开发环境

本部分实验内容使用的平台为 Ubuntu 16.04，实践过程中使用到的各种软件和环境支持良好。开发环境主要包括 JDK、Grails 框架以及集合开发环境和版本控制工具，其中使用的 JDK 版本为 1.8，Grails 版本为 3.3.5，Groovy 版本为 2.4.15，以下我们将分别进行介绍。

在 Linux 和 macOS 操作系统中，JDK、Grails 框架和 Groovy 的安装均可以通过 SDKMAN 进行。SDKMAN 是一个软件开发工具管理器，可以对多种开发环境进行管理，包括对 Groovy 项目使用的工具进行快速的版本管理。

1.2.1 安装 SDKMAN

SDKMAN 是大多数基于 UNIX 操作系统、管理多个软件开发工具包的并行版本工具。它提供方便的命令行界面和应用程序接口（Application Programming Interface，API）来安装开发软件，切换、删除和列出开发软件相关信息。我们先安装该工具管理器，在 Linux 和 Mac OS 操作系统终端（Terminal）安装 SDKMAN 的方式如代码 1.1 所示。

```
# 安装SDKMAN
$ curl -s "https://get.sdkman.io" | bash
# 查看SDKMAN支持的软件包列表
$ sdk list
# 查看SDKMAN支持的Grails版本列表
$ sdk list grails
# 查看SDKMAN支持的JDK版本列表
$ sdk list java
```

代码 1.1　安装 SDKMAN

1.2.2 安装 Java JDK

Oracle JDK 或 OpenJDK

OpenJDK 是 Oracle JDK 的开源版本，与官方版本相比只有很少的非核心功能未包含在 OpenJDK 中。由于差别很小，在我们的使用过程中两者都可以选择，只要保持和生产环境一致即可。Grails 3.3.5 需要 JDK 1.8 的支持，所以安装时需要选择对应的 Java 版本。

使用 SDKMAN 安装 JDK 环境很简单，只需要几行命令，无须其他设置，如代码 1.2 所示。

```
# 无结尾或者以oracle结尾的是Oracle JDK，以zulu和openjdk结尾的是OpenJDK。都是不
  同JVM的实现
# 安装Oracle JDK 8
```

```
$ sdk install java 8u111
# 或者安装Open JDK
$ sdk install java 8u152-zulu
# 设置Java 8 为默认Java环境
$ sdk default java 8u111
# 验证是否安装成功
$ java -version
java version "1.8.0_111"
Java(TM) SE Runtime Environment (build 1.8.0_111-b14)
Java HotSpot(TM) 64-Bit Server VM (build 25.111-b14, mixed mode)
```

代码 1.2　使用 SDKMAN 安装 Java JDK

JDK 也可以在 Java 官网下载二进制文件进行安装，读者可以根据个人情况选择安装方式。

1.2.3　安装 Grails

Grails 的安装与 JDK 类似，无须进行其他设置，如代码 1.3 所示。

```
# 安装Grails 3.3.5
$ sdk install grails 3.3.5
# 设置Grails 3.3.5 为默认Grails环境
$ sdk default grails 3.3.5
# 验证是否安装成功
$ grails -v
| Grails Version: 3.3.5
| Groovy Version: 2.4.15
| JVM Version: 1.8.0_111
```

代码 1.3　使用 SDKMAN 安装 Grails

1.2.4　安装集成开发环境

在开发过程中需要使用到集成开发环境（Integrated Development Environment，IDE），这里我们选择 JetBrains 公司的 IntelliJ IDEA。高校用户可以使用 EDU 邮箱在 JetBrains 官网进行注册，验证通过后即可免费使用。不同版本的 IDEA 支持的功能有所不同，这里选用的是 Ultimate 版本的 IDEA，其对 Grails 框架支持良好。如果使用的是其他开发平台，可以在 JetBrains 官网上下载对应的安装包进行安装。

当然也可以使用其他文本编辑工具进行程序的编写，配合命令行对项目进行构建、运行等操作。本书主要以 IDEA 为开发工具进行讲解。

1.2.5 代码版本控制

Git 是广受开发人员欢迎的版本控制协议，我们这里用其进行项目代码的管理。其他常用的版本控制工具还有 SVN 等，用户可以配合团队现状选取最合适的版本控制工具，也可以根据个人使用习惯和开发环境自由选择。

Git 的安装可参考其官网文档，这里不再进行详细讲解。

1.3 Hello Grails 示例项目

在 1.2 节中我们配置好了 Grails 框架的开发环境并且安装了必要的协助开发的工具，在这一节我们会结合示例项目，对 Grails 框架的各部分进行初步介绍。

Grails 框架是基于配置的一个框架，可以根据每部分的名称、路径清晰且直观地了解各部分对应哪些功能。本章主要对 Grails 项目的初步建立进行介绍，已经对 Grails 框架各部分有过一些了解的读者可以跳过本章。

1.3.1 创建 Grails 应用

Grails 框架提供了命令行界面（Command Line Interface，CLI），可以在 CLI 中通过简单的命令来创建、构建应用。在 Linux 操作系统下，我们可以打开终端，进入项目所在的目录，输入代码 1.4 中命令来创建应用。

```
# 进入项目所在目录
$ cd ~/grailsProjects
# 创建名为intro的项目，该命令会在当前目录下创建以项目命名的目录
$ grails create-app intro
| Application created at /home/User/grailsProjects/intro
# 进入项目目录
$ cd intro
# 查看自动创建出的目录和文件
$ ls -al
```

代码 1.4 在命令行交互界面创建新的应用

在 IDE 中也可以通过菜单来创建 Grails 应用，如在 IntelliJ IDEA 中，可以在 File- >New->Project 下选择 Grails 框架，选择相应版本的 Java SDK 以及项目所在目录，根据提示继续操作即可创建应用。

由于第一次使用 Grails 框架创建应用时很多依赖包还未下载到本地，需要访问一些插件网站，耐心等待即可。依赖包下载完成、创建命令运行结束后，我们的第一个项目便创建完成。

1.3.2 Grails 框架应用目录结构

项目创建完成后，在项目目录下可以在终端通过 tree -d ~/grailsProjects/intro 命令来查看项目目录结构，代码 1.5 对每个目录的结构进行了说明，读者可以对照查看。

```
# 查看项目目录结构
$ tree -d ~/grailsProjects/intro
/home/User/grailsProjects/intro
    gradle                  # Grails3 使用Gradle进行构建，可通过Gradle导入
        wrapper
    grails-app
        assets              # 静态文件，如CSS、JavaScript、Images等
            images
            javascripts
            stylesheets
        conf                # 项目运行需要的配置文件，使用YAML文件或Groovy
            文件进行配置
            spring
        controllers         # 相当于MVC架构中的Controller，用来发起和处理
                            HTTP请求，文件以“Controller”结尾，如“Example
                            Controller.groovy”
            intro
        domain              # 模型，通过GORM与数据库对应
        i18n                # 国际化相关文件
        init                # Bootstrap 和Main 引导程序，主应用程序文件，可
                            以使用默认设置运行程序
            intro
        services            # 服务层，实现应用的核心业务逻辑，提高重用性，更
                            好地实现问题分离，文件以“Service”结尾，如
                            “ExampleService.groovy”
        taglib              # 显示效果定制，作为GSP文件中可引用的类库
        utils               # 特定的应用代码
        views               # GSP文件，用于显示，相当于MVC中的View
            layouts
    src
        integration-test    # 集成测试
            groovy
            resources
        main                # 其他测试文件
            groovy
```

```
        webapp
    test                # 单元测试
        groovy
```

代码 1.5　项目目录结构

Grails 框架遵循“约定优于配置”的软件设计原则，项目中的每部分都是依据约定的形式存在的，省去了很多显式配置的过程，减少了开发者的配置工作，大幅提升了开发效率。基本的约定诸如 grails-app/domain/目录下为领域类模型；grails-app/controllers/ 目录下以 Controller 结尾的文件为模型对应的控制器；grails-app/views/目录下为每个模型对应的视图，子目录名称与模型名称相同。在这样的设计模式下，通过文件所在的位置以及文件的名称就可以知道文件的用途。因此我们也有必要熟悉 Grails 框架的目录结构。

项目中其他主要文件如下。

- **build.gradle**: 项目的配置文件，包括使用到的所有的插件、依赖以及构建相关的内容。
- **gradle.properties**: 定义在 build.gradle 中可以使用的变量。
- **grailsw**: Grails 框架打包工具，可以在未安装 Grails 环境的情况下使用。
- **gradlew**: Gradle 打包工具，可以在未安装 Gradle 的情况下使用。

1.3.3　创建控制器

控制器，即框架中的 Controller，是处理用户端与服务端交互的组件。这里我们以创建控制器为开端进行示例项目的开发。

可以通过命令行交互界面创建控制器，如代码 1.6 所示，首先我们进入项目所在目录，然后通过 create-controller 命令创建一个控制器。

```
# 进入项目所在目录
$ cd ~/grailsProjects/intro
# 创建名为hello的控制器
# 自动创建出HelloController.groovy和测试文件HelloControllerSpec.groovy
$ grails create-controller hello
| Created grails-app/controllers/intro/HelloController.groovy
| Created src/test/groovy/intro/HelloControllerSpec.groovy
```

代码 1.6　创建 HelloController

在文件 HelloController.groovy 中，我们按照代码 1.7 进行更改。

```
package intro
class HelloController {
```

```
        def index() {
            render 'Hello World!'
        }
    }
```

代码 1.7　编写 HelloController 代码

在这个例子中，我们使用 render() 方法将字符串“Hello World!”输出到界面。通过执行 grails run-app 命令，我们可以在本地 8080 端口启动该项目，然后访问http://localhost:8080查看效果，如图 1.3 所示。

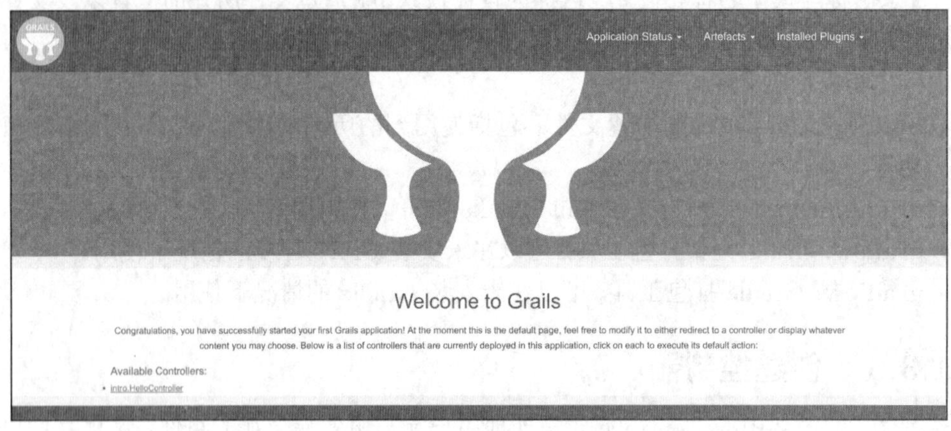

图 1.3　示例项目启动界面（HelloController）

我们可以直接单击页面中的 intro.HelloController 链接来访问 HelloController 下的 index() 方法，也可以直接访问链接http://localhost:8080/hello/index，进入页面后可以看到页面显示出“Hello World!”。

1.3.4　创建模型

模型，即框架中的 Domain，它反映数据库结构与字段设置，是软件的业务概念模型，在使用时需要安装和配置数据库。数据库的配置在 grails-app/conf/application.yml 文件中的 dataSource 节点下。新创建项目的数据源默认使用 H2 数据库，可以通过更改相关配置切换到 MySQL 或者其他类型数据库。此处我们使用默认配置。

配置好数据库后便可以开始创建模型。在任何一个应用系统中，数据模型都是最基本的构成，是对业务的描述和表达，创建模型也是项目搭建过程中需要首先完成的工作。代码 1.8 为通过命令行创建 Person 模型。

```
# 进入项目所在目录
$ cd ~/grailsProjects/intro
```

```
# 创建名为Person的Domain类
# 自动创建出Person.groovy和测试文件PersonSpec.groovy
$ grails create-domain-class Person
| Created grails-app/domain/intro/Person.groovy
| Created src/test/groovy/intro/PersonSpec.groovy
```

代码 1.8 创建 Person 模型

我们创建了一个 Person 模型，或者说创建了一个名称为 Person 的数据表，Person 模型中的属性即 Person 数据表的属性字段。在这个类中，我们添加 firstName、lastName 等人员属性，更改 Person.groovy 文件，如代码 1.9 所示。

```
package intro
class Person {
    String firstName    // 名字
    String lastName     // 姓氏
    String gender       // 性别
    Integer age         // 年龄
    Boolean active = false  // 设置默认值为false

    static constraints = {
        firstName nullable: true, maxSize: 32
        lastName nullable: true, maxSize: 32
        gender nullable: true, inList: ['male', 'female']
        age nullable: true
        active nullable: true
    }
}
```

代码 1.9 编写 Person 模型

在添加的内容中，对每个属性做了一些约束的设置，比如设置默认值是否为空（nullable），字段大小（maxSize）以及字段值（inList）的选择。我们在添加属性的时候应该尽量避免使用基本数据类型（int、boolean 等），而应该优先使用封装的数据类型（Integer、Boolean 等）。

Domain 类的定义过程和 Java 框架相比，省去了很多重复性的工作，比如定义 getting() 和 setting() 方法，以及拆箱和装箱操作。运行过程中 Groovy 会根据使用情况来判断并完成这些基础操作。

模型创建完成后启动项目，可以通过访问http://localhost:8080/dbconsole来查看数据库的内容。其中在 JDBC URL 处填写的内容与 conf/application.yml 文件中的 development.dataSource 配置保持一致，默认为 jdbc:h2:mem:devDb;MVCC=TRUE。

进入数据库控制台后可以在左侧看到新创建的 Person 表，以及我们设置的每个字段，也可通过 grails schema-export 命令导出数据库结构。

在 Domain 文件中，我们可以为每个字段添加约束条件，如代码 1.9 中闭包 constraints 所示。约束条件为数据持久化过程校验规则，常见的约束条件有 email、url、max、min 等，想了解更多约束条件可以查看官方文档。同时我们也可以用 validator 的形式来创建自定义约束条件，对数据字段进行特定的限制。

Grails 提供 grails console 命令对项目进行快速调试。项目启动后，在项目目录下调用 grails console 命令打开运行时控制台，如代码 1.10 所示。在控制台窗口中可以运行 Groovy 代码来进行调试。

```
# 进入项目所在目录
$ cd ~/grailsProjects/intro
# 运行grails console命令
$ grails console
Using grails version 3.3.5 in this shell.
| Running console...
```

代码 1.10　开启 grails console 控制台

在 grails console 交互界面，可以使用代码 1.11 中的操作测试约束条件的效果。调用 save() 方法保存数据时进行规则校验，验证的结果会以列表的形式返回，后面章节会对错误处理进行详细介绍。

```
import intro.*

def person = new Person()
person.gender = 'man'
// 可以调用validate()方法进行约束的主动验证
// 在调用save()方法持久化到数据库时，会自动调用validate()方法进行验证
println person.validate() // false，验证未通过，因为'man'不在['male',
    'female']中
person.gender = 'male'
println person.validate() // true，验证通过
```

代码 1.11　在 grails console 中进行约束条件测试

我们可以在 Domain 类中添加自定义的方法进行定制，比如编写 toString() 方法，覆盖默认的 toString() 实现，其他的类方法也可以进行定制实现，如代码 1.12 所示。需要注意 Grails 框架不会动态加载 Domain 的更改，因为涉及对应数据库的更新，所以修改后需重新启动项目才能生效。

```
String toString() {
    firstName + " " + lastName // 方法的最后一句执行结果即为该方法的返回值
    // return firstName + " " + lastName // 与上句等同效果
}
```

代码 1.12　在 Domain 中定义方法

1.3.5　利用脚手架特征

Scaffolding，在中文中称为脚手架。在大多数项目中，我们对数据的操作通常都是类似的，比如添加、读取、写入、删除数据等。脚手架的功能则是将这些类似的操作抽象出来，以模板的形式提供功能，无须每次编写相同功能的代码，节省开发时间。在 Grails 框架中，脚手架可以根据模板文件为每个 Domain 类生成统一的增、删、改、查操作，同时生成统一的显示页面。应用目录下的build.gradle文件中引入了脚手架插件：compile"org.grails.plugins:scaffolding"。引用后便可以使用脚手架特性。在 /.gradle/caches/modules-2/files-2.1/org.grails.plugins/scaffolding/ 目录下可以查看该插件的代码部分，插件包中集成了常用的模板，比如 Controller 以及显示界面 (show.gsp)。

脚手架使用分为两种形式，一种是动态的，一种是静态的。

动态脚手架使用很简单，只需要在创建的 Controller 中指定 Domain 类。我们通过 grails create-controller Test 来创建一个新的 Controller，但是在创建 Controller 时会同步在 grails-app/views/下创建 test 目录，为了使用脚手架，我们需要将该目录手动删除，同时更改该 Controller 的内容，如代码 1.13 所示。

```
package intro

class TestController {

    static scaffold = Person
}
```

代码 1.13　动态脚手架

启动项目后访问http://localhost:8080/ 即可看到 intro.TestController 链接，单击即访问了 TestController 的 index() 方法。在没有编写对应功能代码的前提下，仅靠脚手架便实现了基本功能。我们还可以在这个界面尝试创建 Person 记录。脚手架插件默认对 index()、list()、show()、edit()、delete()、create()、save()、update() 等基本数据处理方法进行了包装。

静态脚手架，即将模板代码在生成 Controller 时同步添加过来。通过 grails generate-controller Person 创建的 Controller 默认使用静态脚手架。执行完命令后打开 PersonController.groovy 文件可以看到自动写入的代码片段。我们再通过 grails generate-views Person 来生成页面，可以在 grails-app/views/person 目录下查看相应的页面代码。

生成页面后，我们重启项目，访问http://localhost:8080/ 即可看到相应效果。

我们可以看到，单击 intro.TestController 和 intro.PersonController 进入的界面都是一样的。动态和静态只是两种实现方法，使用的是同一套模板（在不添加模板文件的情况下），区别在于后继的定制化是否便捷。

至此我们就可以在开发过程中运行项目进行访问测试了。

1.4 本章小结

本章中我们介绍了 Grails 框架的发展背景，了解了其产生的原因以及拥有的特性，对框架的整体组成有了初步认识；同时为开发人员提供了开发环境的配置指导，进行了入门示例项目的创建。通过 Grails 框架的初步展示，帮助读者建立整体认识，为后面章节进一步讲解各个部分做好基础准备。

第 2 章 Groovy 动态语言

本章对 Groovy 语言进行介绍。Groovy 是运行在 Java 虚拟机中的动态语言，与 Java 完全兼容，因此既有 Java 的优势，又有 Python、Ruby、Smalltalk 等语言的功能特性。已经熟悉 Java 语言的编程人员，可以快速学习并上手使用 Groovy 语言。

Groovy 语言相对于其他动态语言来说，提供了静态类型检查和静态编译代码的功能，可以很好地提高运行速度和稳定性，同时使用该语言编写的程序可以直接编译为 Java 字节码，从而在 JVM 上运行。对于现有的 Java 类库，Groovy 可以无缝集成，因此可以使用已有的开发成果，快速搭建新的业务系统。

关于 Groovy 语言的详细内容可对照查看官方文档，本章仅对 Groovy 语言基本的语法特点进行讲解。

2.1 Groovy 基础

2.1.1 Groovy 运行环境安装

Groovy 运行环境的安装与 Grails 类似，可以使用 SDKMAN 进行安装，安装过程如代码 2.1 所示。

```
# 可查看当前可用的Groovy版本
$ sdk list groovy
# 安装Groovy，版本为2.4.15
$ sdk install groovy 2.4.15
# 查看Groovy信息
$ groovy -v
Groovy Version: 2.4.15 JVM: 1.8.0_111 Vendor: Oracle Corporation OS:
Linux
```

代码 2.1 使用 SDKMAN 安装 Groovy

也可以直接下载二进制文件进行安装，读者可自行设置。

1. 执行 Groovy 代码

执行 Groovy 有以下 3 种方式。

- 在命令行中输入 groovysh ，使用交互模式。
- 使用 Groovy 默认安装的调试终端 GroovyConsole。
- 编写 Groovy 文件，在命令行中使用 groovy 命令执行。

（1）**groovysh 运行命令**

输入 groovysh 运行命令可以简单地执行 Groovy 表达式，对一些语句进行验证，使用 groovysh - -help 可以查看命令参数。进入交互模式后输入单行或多行命令，按 Enter 键可以得到运行结果，Shell 可以判断当前程序块的结束位置并执行程序，示例如代码 2.2 所示。

```
user@ubuntu:~$ groovysh
Groovy Shell (2.4.15, JVM: 1.7.0_80)
Type ':help' or ':h' for help.
-------------------------------------------
groovy:000> class Foo {
groovy:001> def test() {
groovy:002> println "hello world"
groovy:003> }
groovy:004> }
===> true
groovy:000> foo = new Foo()
===> Foo@eb21dcb
groovy:000> foo.test()
hello world
===> null
groovy:000>
```

代码 2.2　使用交互模式执行多行命令

（2）**GroovyConsole 交互界面**

在命令行中使用 GroovyConsole 打开交互界面，如图 2.1 所示，该界面包括运行脚本的基本操作菜单以及代码输入区和输出区，也可以在命令行中使用 GroovyConsole - -help 查看相关帮助信息。在输入区输入 Groovy 语句后可以使用快捷键 Ctrl+R 运行语句，在输出区可以观察运行结果。

（3）**groovy 命令执行文件**

对开发人员来说，使用 GroovyConsole 工具可以更方便地进行测试，但是对已有的 Groovy 文件，我们可以使用第 3 种调试方式。例如我们创建 Example.groovy 文件，然后使用 groovy Example.groovy 即可运行。

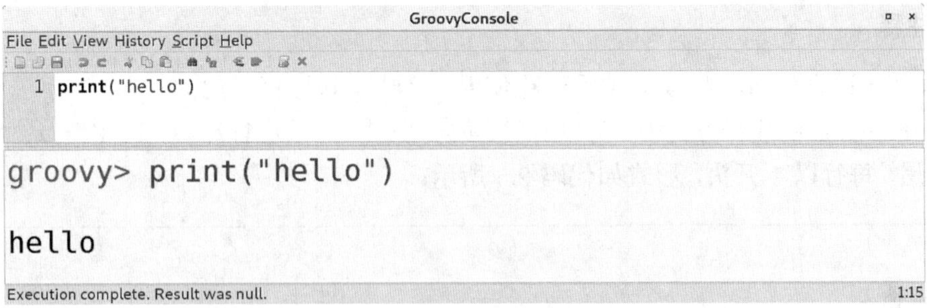

图 2.1　GroovyConsole 交互界面

这里我们添加代码 2.3 所示内容至 Example.groovy 文件。

```
class Example {
    static void main(String[] args) {
        // 输出到控制台
        println('Hello World');
    }
}
```

代码 2.3　创建 Groovy 文件

命令行执行 groovy Example.groovy，如代码 2.4 所示。

```
$ groovy Example.groovy   # 运行脚本
Hello World
```

代码 2.4　命令行运行 Groovy 文件

2. 代码文档

如果我们使用标准的注释方式，可以用 groovydoc 命令快速生成文档，类似于 Java 中的 Javadoc 工具，其命令行形式为 groovydoc [options] [packagenames] [sourcefiles]，可以使用 groovydoc - -help 查看相关帮助。

3. IDEA 工具

第 1 章中我们使用 IntellJ IDEA 作为编辑工具，同样该工具也可以作为 Groovy 语言的集成开发环境，我们可以使用 IDEA 创建、编写、运行、调试 Groovy 文件代码。这里我们使用 GroovyConsole 作为学习 Groovy 代码的实践工具，不再详细介绍 IDEA 下的使用过程。

2.1.2 基本语法

1. 注释

与大部分语言相同，Groovy 中行注释使用// 符号，块注释使用/*……*/ 。

在 groovydoc 的注释方式中，可以对类、成员变量、方法进行注释，该注释以/** 开头，以 */ 结尾，每行以 * 开头，形式如代码 2.5 所示。

```
/**
* 类的注释
*/
class Person {
    /** 人员姓名（属性注释）*/
    String name

    /**
    * 方法注释，包括方法参数和返回值
    *
    * @param otherPerson the person to greet
    * @return a greeting message
    */
    String greet(String otherPerson) {
        "Hello ${otherPerson}"
    }
}
```

代码 2.5 groovydoc 注释方式示例

2. 关键字

Groovy 中关键字列举如表 2.1 所示。

表 2.1 Groovy 中关键字列举

as	assert	break	case	catch
class	const	continue	def	default
do	else	enum	extends	false
finally	for	goto	if	implements
import	in	instanceof	interface	new
null	package	return	super	switch
this	throw	throws	trait	true
try	while			

3. 标识符

在 Groovy 中可以使用部分 Unicode 码、英文字符、数字，以及 -、_ 等符号组成的字符串作为标识符，但是首个字符不能是数字和特殊字符。

4. 变量声明

Groovy 是一种弱类型语言，对于基础类型，无须处理转化问题，声明时也可不指明变量类型，使用关键字 def 声明变量，如代码 2.6 所示。

```
def firstName = '三' // 不指明变量类型
String lastName = '张' // 指明变量类型
def personList = ['张三', '李四', '王五'] // 定义并赋值
def personMap = ['张三': 5, '李四': 6]
def emptyList = [] // 声明空List
def emptyMap = [:] // 声明空Map
def age = 10
def amount = 10.56
```

代码 2.6 Groovy 变量声明

5. 控制结构：条件

Groovy 语法中使用 if···else··· 作为条件控制语句，与 Java 相同。同时，Groovy 提供的 switch 语句的匹配功能也更加强大，可以支持列表、范围以及正则表达式，各种使用方式可以参考代码 2.7，读者可以修改 x 的值，测试匹配结果。

```
def x = "foo"
def result = ""

switch (x) {
    case "foo": // 匹配字符串
        result = "found foo"
        break
    case [4, 5, 6, 'inList']: // 匹配数组元素
        result = "list"
        break
    case 12..30: // 匹配范围
        result = "range"
        break
    case Integer: // 匹配对象类型
        result = "integer"
```

```
        break
    case ~/fo*/: // 将对象转为字符串并使用正则表达式
        result = "foo regex"
        break
    case { it < 0 }: // 使用it
        result = "negative"
        break
    default: // 默认值
        result = "default"
}
println(result)
```

代码 2.7　Groovy 控制结构：条件

6. 控制结构：循环

Groovy 拥有标准的 while、for、for-in、break 以及 continue 的支持。值得一提的是，它更精简便捷的 for-in 语法，可以针对数组、范围、映射等对象进行迭代，如代码 2.8 所示。

```
def val = 'hello'
for(i in 0..5){ // 可以试试替换为0..<5
    println val
}

def array = (0..4).toArray()
def x = 0
for ( i in array ) {
    x += i
}

def map = ['abc':1, 'def':2, 'xyz':3]
x = 0
for ( e in map ) {
    x += e.value
}
assert x == 6
```

代码 2.8　Groovy 控制结构：循环

7. 异常捕获

Groovy 的异常捕获和 Java 相同，可以使用 try-catch-finally 、try-catch 、try-finally 来定义需要异常捕获的代码块，异常捕获的示例如代码 2.9 所示。

```
try {
    'text'.toLong()
    // ……其他业务逻辑
} catch ( e ) {
    // 捕获异常
    println(e.message)
} finally {
    // 不论是否抛出异常，都会执行
    // ……
}
```

代码 2.9 Groovy 异常捕获

2.1.3 数据类型

在 Groovy 语言中不需要对变量、属性、方法、闭包的参数以及方法的返回值做显式的类型声明，当用到这些变量、方法时才会声明它们的类型。在使用时很多类型之间也可以自动进行转换，如将 Integer 类型的变量赋值给 String 类型的变量时，会自动将 Integer 类型转换为 String 类型。同时 Groovy 中的集合类型可以接收不同类型的元素，这也是 Groovy 语言与其他语言相差较大的地方。

1. Groovy 的内置原始数据类型

Groovy 中支持的原始数据类型和 Java 相同，包括 byte、short、int、long、float、double、char、boolean。在某些编程语言中，编译器可以将原始数据类型转换为对象，这个过程称为装箱；将对象转换为对应基本类型的过程称为拆箱。Groovy 中也会对基础类型进行自动装箱，将原始数据类型转换为包装类型，表 2.2 为原始数据类型与包装类型的对应关系。

2. 数值

Groovy 中的数值对应抽象类 Number，其包装类型包括 Byte、Short、Integer、Long、Float、Double。

四则运算中，加法、减法、乘法与常规的运算相同。在 Groovy 的除法操作中，除号为 / ，/= 为除以并赋值操作，如果任意一个操作对象为 float 或者 double 类型，结果则为 double 类型；如果两个操作对象为 Short、Char、Byte、Int、Long、BigInteger 或 BigDecimal ，则结果为 BigDecimal 类型，整型除法应该调用 intdiv() 方法来执行除以操作。

表 2.2 Groovy 原始数据类型与包装类型的对应关系

原始数据类型	属性	对应的包装类型
byte	字节值	Byte
short	短整型	Short
int	整数	Integer
long	长整型	Long
float	32 位浮点数	Float
double	64 位浮点数	Double
char	单个字符	Character
boolean	布尔类型	Boolean

3. 字符串

Groovy 中使用单引号和双引号来标识字符串。单引号表示普通的 java.lang.String 类；双引号在无插入值的时候也表示 java.lang.String 类，在有插入值时则表示 groovy.lang.GString 类，又称为插值字符串（大部分情况下插值字符串的使用与 String 相同，除去某些 SQL 语句生成的时候，需要使用 toString() 转换）。

多行文本使用 3 对单引号 ''' …… ''' 或 3 对双引号 " " " …… " " "，同样，双引号情况下支持插入值。与 Java 相同，转义字符用 \ 标识。字符串的基本使用方式如代码 2.10 所示。

```
def str = 'abc' // 普通字符串
def strs = "the str is: ${str}" // 有插入值
def str_s = 'abc\'d\'' // 单引号转义
def strs_s = "the str is: \"${str_s}\"" // 双引号转义
// 多行文本
def str_ml = '''the first line,
the last line
'''
def strs_ml = """the first line,
the second line,
the str_ml is
${str_ml} """
```

代码 2.10 Groovy 字符串定义与赋值

4. 布尔值

Groovy 中的布尔值与 Java 以及其他语言中的布尔值相同，可以将 true 和 false 赋值给变量，表示值的真假。

2.1.4 运算符

Groovy 的数学运算符与 Java 类似，额外提供了幂运算符 ** 和赋值运算符 **=。同时支持关系运算符、逻辑运算符、位运算符、可空运算符等。

1. 关系运算符

Groovy 支持常见关系运算符，包括 ==、!=、<、>、<=、>=。

2. 逻辑运算符

Groovy 支持或（||）、与（&&）、非（!）运算符，其中非（!）运算符的优先级最高，其次是与（&&）运算符，优先级最低的是或（||）运算符，同时也遵循逻辑短路，如代码 2.11 所示。

```
def a = 0
def b = null

// 务必添加括号，考虑运算符的优先级
assert (a || true) == true
assert (b || false) == false

assert (a && true) == false
assert (b && true) == false

assert !a == true
assert !b == true
```

代码 2.11　逻辑运算符

3. 位运算符

Groovy 支持与（&）、或（|）、异或（^）、非（~）4 种位运算符，返回值为 int 类型，如代码 2.12 所示。

```
def a = 0b10101101001
def b = 0b10101101111
def mask = 0b11111111111
// (~a)得到的是负数，计算机使用补码存储
// 这里通过与mask做按位与操作，得到补码的低位二进制表示（mask的高位全部为0)
assert ((~a)&mask) == 0b01010010110
assert (a&a) == a
assert (a|b) == 0b10101101111
assert (a^b) == 0b00000000110
```

代码 2.12　位运算符

Groovy 除了支持以上常见的运算符外，还支持一些特殊的运算符。这里主要介绍以下特殊运算符。

4. 可空运算符

Groovy 支持可空（Elvis）运算符：当值为非空时，结果是值 1；值为空时，结果是值 2。即当判定对象的值为非空时使用其本身，为空时使用另一个值，常用于给定某个可空变量的默认值，使用方式如代码 2.13 所示。

```
def displayName = userName ?: 'Anonymous'
// 等同于
def displayName = userName ? userName : 'Anonymous'
```

代码 2.13　可空运算符

5. 安全导航运算符

当调用一个对象的方法或属性时，如果该对象为空，正常情况下会抛出空指针异常，需要开发人员进行特殊处理。这时候可以使用?. 运算符，即安全导航运算符（Safe Navigation Operator），当对象为空时表达式的值也为空，不会抛出空指针异常，使用方式如代码 2.14 所示。

```
def person = Person.find { it.id == 123 }
def name = person?.name // 如找到该记录，则取name值，减少对象非空判断操作
assert name == null
```

代码 2.14　安全导航运算符

6. 展开运算符

展开运算符（Spread Operator）会使调用的方法作用在列表中的所有元素之上，然后组合成一个新的列表，使用方式如代码 2.15 所示。其中 cars*.make 会获取 cars 列表中每个元素的 make 属性值，并以得到的值组合成的列表作为返回值。得到的结果与遍历 cars 依次获取 make 相同，读者可以在 groovyConsole 中运行代码并对比结果。

```
class Car {
    String make
    String model
}
def cars = [
    new Car(make: 'Peugeot', model: '508'),
    new Car(make: 'Renault', model: 'Clio')]
def makes = cars*.make
/* def makes = cars*.make 等同于以下代码*/
// def makes = []
// cars.each { car ->
//     makes << car.make
```

```
// }
assert makes == ['Peugeot', 'Renault']
```

代码 2.15　展开运算符

7. 成员运算符

成员运算符（Membership Operator）关键字为 in，等同于类中的 isCase() 方法、列表中的 contains() 方法。该运算符用来判断当前内容是否在目标对象当中，使用方式可参考代码 2.16。

```
// 列表中in 与contains() 方法相同
def list = ['Grace','Rob','Emmy']
assert 'Emmy' in list
assert list.contains('Emmy')
// 键值对中使用in
def map = ['name': 'Rob', 'age': 5]
assert 'age' in map
// 自定义类中，通过实现isCase() 方法来使用in 关键字
class Test {
    String str
    boolean isCase(ss) {
        str.contains(ss)
    }
}
def test = new Test(str: 'Groovy')
assert 'oov' in test
assert test.isCase('oov')
assert 'oov' in test.str
```

代码 2.16　成员运算符

8. 强制转换运算符

强制转换运算符（Coercion Operator）关键字为 as，作用是强制将对象从一种类型转换为另一种类型，如代码 2.17 所示。

```
Integer x = 123
String s = (String)x
String s = x as String
```

代码 2.17　强制转换运算符

转换为自定义类型时，由于没有找到默认的转换规则，系统会提示错误，这时我们需要在自定义类型中添加 asType() 方法，如代码 2.18 所示。

```
class Identifiable {
    String name
}
class User {
    Long id
    String name
    def asType(Class target) { // 添加默认转换规则，从User转换为Identifiable
        if (target == Identifiable) {
            return new Identifiable(name: name)
        }
        throw new ClassCastException("User cannot be coerced into
           $target")
    }
}
def u = new User(name: 'Xavier')
def p = u as Identifiable
assert p instanceof Identifiable // 转换为Identifiable类
assert !(p instanceof User) // 不再是User类
```

代码 2.18　强制类型转换: asType

2.1.5　断言语句

断言（Assertion）是 Groovy 中功能强大的一类语句，形式为 assert 1 + 1 == 3，如代码 2.19 所示。Groovy 断言和 Java 断言完全不同：Groovy 断言是一项语言功能，一直处于开启状态，所以 Groovy 非常适合用于编写测试单元；而 Java 断言是一种错误处理机制，主要用在开发和调试环节，并且默认是关闭的，在启动时需要通过命令 -ea 开启。所以 Groovy 断言是我们进行单元测试的首选语句。

```
# assert 1 + 1 == 3的输出内容
Caught: Assertion failed:

assert 1 + 1 == 3
         |   |
         2   false

Assertion failed:
```

```
assert 1 + 1 == 3
         |   |
         2   false

    at assert.run(assert.groovy:1)
```

代码 2.19 Groovy 断言语句的输出

断言包括 3 个部分：assert [left expression] == [right expression] : (optional message)。如果断言为真，则不会触发任何操作；如果断言为假，则输出可视化值对应关系或者定制的错误信息，如代码 2.20 所示。

```
# assert 1 + 1 == 3 : 'Wrong Message'
Caught: java.lang.AssertionError: Wrong Message. Expression: ((1 + 1)
    == 3)
java.lang.AssertionError: Wrong Message. Expression: ((1 + 1) == 3)
    at assert.run(assert.groovy:1)
```

代码 2.20 Groovy 断言语句输出定制信息

2.1.6 类与对象

作为面向对象的语言，Groovy 中也存在类和对象的概念，类是数据属性和操作方法的集合，对象则是类所描述的目标内容。Groovy 类的创建和 Java 相同，如代码 2.21 所示，我们创建了一个 Person 类。

但是 Groovy 类与 Java 也有以下不同的地方。

- Groovy 类中 public 修饰的字段会转换成属性变量，并且默认添加 get() 和 set() 方法。
- Groovy 类中如果属性字段或方法没有添加访问权限修饰符，则默认设置为 public，Java 中则是默认设置为 protected。
- Java 中的类名和文件名必须相同，Groovy 则不要求类名与文件名相同。
- 一个文件可以定义多个一级类，若文件中未定义类，则将该文件作为脚本处理。

代码 2.21 为字段 firstName 添加了 get() 和 set() 方法，字段 lastName 则使用默认的 get() 和 set() 方法。

```
// Person类描述'人员'
class Person {
    String firstName     // 名字，默认访问权限修饰词为"public"
    String lastName      // 姓氏，默认访问权限修饰词为"public"
```

```
    static void main(String[] args) {
        Person person = new Person()  // 创建一个Person实例
        person.firstName = '三'  // 调用自定义实现的setter()方法
        person.lastName = '张'  // 调用默认的setter()方法
        println person  // 调用toString
        //以mapping形式进行赋值，调用带map参数的构造方法，仍然调用setter()方法
        Person ps = new Person(firstName: '军', lastName: '王')
        println ps  // 调用toString
        println ps.firstName  // 调用自定义实现的getter()方法
        println ps.lastName  // 调用默认的getter()方法
    }
    /* 添加方法 */
    String toString() {
        return lastName + firstName
    }
    /* 为firstName属性添加get()方法 */
    String getFirstName() {
        println "in getter"
        return firstName
    }
    /* 为firstName属性添加set()方法 */
    String setFirstName(String fn) {
        println "in setter, fn is: ${fn}"
        // 等同于: println "in setter, fn is: " + fn
        firstName = fn
    }
}
```

代码 2.21　Groovy 类的定义

通过 groovy Person.groovy 命令运行文件，可以得到输出结果，如代码 2.22 所示。对比输出结果可以看出，默认的 get() 和 set() 方法与我们显示添加的 get() 和 set() 方法实现了相同功能，因此如果没有特殊处理逻辑，使用默认的方法即可。

```
in setter, fn is: 三
张三
in setter, fn is: 军
王军
in getter
```

```
军
王
```

代码 2.22　Groovy 创建对象

1. 类的构造方法

构造方法是用于初始化具有特定状态的对象的特殊方法。与普通方法一样，每个类中可以声明多个具有不同参数类型的构造方法，如果一个对象在构造期间不需要任何参数，它可以使用一个无参数构造方法。Groovy 编译器默认会为每个类提供一个空的无参构造方法，若开发人员自定义了构造方法，则默认的无参构造方法无效。

Groovy 构造方法提供两种调用方式：① 位置参数构造法；② 命名参数构造法。需要注意的是，一旦定义了构造方法，则不能再使用默认的构造方法。

（1）**位置参数构造法**

该构造方法中，不同的参数处于不同的位置，具有不同的含义，如代码 2.23 中的 name 和 age 字段。

```
class Person {
    String
    name Intege

    // 第一个参数对应name，第二个参数对应age
    Person(name , age) { // 参数位置和变量相对应
        this.name = name
        this.age = age
    }
}

def person1 = new Person('Marie', 1) // 使用Java形式创建对象
def person2 = ['Marie', 2] as Person // 使用强制类型转换形式
Person person3 = ['Marie', 3]
```

代码 2.23　Groovy 位置参数构造法

（2）**命名参数构造法**

当一个类没有构造方法的时候，其默认有一个命名参数构造方法，也是我们最常用的构造方法，该方法接收 Map 类型的参数。相比位置参数构造法，命名参数构造法可以更加灵活地对对象进行初始化，仅需要传递需要初始化的内部变量即可，如代码 2.24 所示。

```
class Person {
    String name
```

```
    Integer age
}
def person4 = new Person()
def person5 = new Person(name: 'Marie')
def person6 = new Person(age: 1)
def person7 = new Person(name: 'Marie', age: 2)
```

代码 2.24　Groovy 命名参数构造法

2. 类的内部方法

Groovy 类中的方法与 Java 类中的方法很类似，但是也有以下 4 个不同之处。

- Groovy 类中的方法可以使用关键字 def 来定义非确定类型返回值的方法，不添加修饰词的方法默认修饰词为 public。
- Groovy 类中的方法可以没有 return 声明的返回值，默认以方法最后一行的执行结果作为返回值。
- Groovy 类中的方法接收的参数可以不声明类型，如果方法的第一个参数为 Map 类型，则可以接收命名参数。
- Groovy 类中的方法可以接收可变参数。

Groovy 方法的定义如代码 2.25 所示。

```
def someMethod() { 'method called' }  // 无返回值方法
String anotherMethod() { 'another method called' } // 指明方法返回类型
def foo(Map args) { "${args.name}: ${args.age}" }  // 命名参数
foo(name: 'Marie', age: 1)
def foo(Object... args) { args.length } // 可变参数方法的定义
```

代码 2.25　Groovy 方法定义

3. 类的内部变量

Groovy 类的内部变量也可以使用 public、protected、private、static、final、synchronized 等修饰词，如代码 2.26 所示。

```
class Data {
    private int id
    protected String description
    public static final boolean DEBUG = false
}
```

代码 2.26　Groovy 类的内部变量

2.2　Groovy 集合类型

Groovy 提供了多种集合类型的支持，包括 List、Map、Range，它们都是基于 Java 的集合类型，并添加了一些常用的方法。

2.2.1　列表

Groovy 中没有定义特定的集合类型，通过 Java 中的 java.util.List 接口定义列表类型，定义列表类型时使用的具体实现是 java.util.ArrayList，也可以通过强制转换（as 运算符）变为如 java.util.LinkedList 等类型。如果需要指定列表中元素的类型，可以通过强制转换或类型声明来明确地定义列表中元素的类型。

列表通过 [ ] 符号来定义，也可以直接将元素用逗号隔开，作为初始化。与其他语言不同，Groovy 列表中的元素类型可以不相同，即多个不同类型的元素可以放在同一个列表中。

Groovy 列表使用方式灵活，使用方式和 Python 类似。可以使用 [index] 下标引用和修改列表元素；可以使用负数索引实现从后往前访问；可用左移运算符 << 实现在列表最后插入新的元素；可以在方括号中指定多个索引，得到由这些索引对应元素组成的新列表；也可以使用两个点加首尾索引选择一个子列表。

在布尔表达式中，仅当列表为空时返回 false，[null] && [0] && [false] 会返回 true。

列表的使用方式如代码 2.27 所示。

```
def aList = [1, 2, 3, 4] // 列表的初始化
def emptyList = [] // 列表的定义
def lList = [1, 2, 3, 4] as LinkedList // 强制类型转换

assert aList[0] == 1  // 取第一个元素
assert aList[-1] == 4  // 取最后一个元素
assert aList[-2] == 3  // 取倒数第二个元素

aList << 5  // 在列表最后添加元素

assert aList[1, 3] == [2, 4]  // 取第二个、第四个元素
assert aList[1..4] == [2, 3, 4, 5]  // 取第二个到第五个元素（包括首尾）

aList << 'char'
assert aList[-1] == 'char'  // 可以在列表中添加不同类型的数据

def multi = [[0, 1], [2, 3]]
```

```
assert multi[1][0] == 2  // 多维数组

assert ![] // 列表为空时返回false
assert [0] && [0.0] && [false] && [null] // 列表内包含元素时，均返回true
```

代码 2.27　Groovy 列表（List）的使用方式

列表的循环访问是我们最常用的操作之一，Groovy 除了提供 Java 中的 for、while 循环外，还提供了 each()、eachWithIndex() 两种方法，在 Groovy 中可以使用 collect () 方法对列表中的元素进行批量操作并返回新的列表对象。其示意代码如代码 2.28 所示。

```
def list = [1, 2, 3]

list.each {
    println it // 隐藏参数it，代表当前访问的元素
}

list.eachWithIndex {item, i -> // 定义参数表示当前元素和下标
    println "list[${i}]: ${item}"
}

def a = list.collect { it * 2 } // collect闭包操作数组元素，并赋值给a
def b = list*.multiply(2) // '*' 批量操作符号对列表元素进行批量操作，并赋值给b

assert list.collect { it.multiply(2) } == list*.multiply(2)
def c = []
list.collect(c) { it.multiply(2) } // 指定变量c 接收collect()方法的返回对象
assert c == list.collect { it.multiply(2) }
```

代码 2.28　Groovy 列表（List）元素访问

除以上操作，Groovy 对常见的列表操作进行了封装，提供了相应的方法，如 clone()、add()、putAt()、indexOf()、getAt()、drop()、removeAt()、find()、findAll()、toUnique()、reverse() 等，使用者可以根据场景选择性学习使用，代码 2.29 展示了具体的使用方式。

```
def aList = []
assert aList << 1 << 2 == [1, 2] // 添加元素到列表
aList.addAll([3, 4]) // 合并列表
assert aList == [1, 2, 3, 4]
```

```
assert aList.find { it > 2 } == 3 // 寻找第一个满足条件的元素
assert aList.findAll { it>2 } == [3,4] //寻找所有满足条件的元素，返回列表
assert aList.getAt(0) == 1 // 获取指定位置的元素
def bList = aList.clone() // 复制列表
assert bList == aList
bList.putAt(0, 5) // 设置指定位置的元素
assert bList == [5, 2, 3, 4]
assert bList.max() == 5 // 寻找数值列表中的最大值
assert bList.min() == 2 // 寻找数值列表中的最小值
bList.add(6) // 在列表的最后添加一个新的元素
assert bList == [5, 2, 3, 4, 6]
assert bList.indexOf(6) == 4 // 寻找指定内容的位置
assert bList.indexOf(100) == -1 // 不存在时返回-1
bList.add(6)
assert bList == [5, 2, 3, 4, 6, 6]
assert bList.lastIndexOf(6) == 5 // 寻找指定内容最后一次出现的位置
assert bList.every { it < 7 } // 判断列表中是否所有元素均满足某个条件
assert bList.any { it < 3 } // 判断列表中是否存在满足条件的元素
assert bList.sum() == 26 // 对列表中的元素求和
assert bList.sum(100) == 126 // 传入基数，求和时加上该数值
assert bList.sum { it - 2 } == 14 // 对每个元素进行操作后，再进行求和
assert bList.join(',') == '5,2,3,4,6,6' // 连接列表中的元素并转换为String
// 聚合方法会将上次迭代的结果，以参数的形式传递至下次迭代
assert bList.inject(10) {base, item -> base + item } == 36 // 使用聚合方
    法求和
def strList = ['a', 'ab', 'abc', 'abcd']
assert strList.inject('') { str1, str2 ->
    str1.length() > str2.length() ? str1 : str2
} == 'abcd'  // 使用聚合方法求列表中最长的字符串
bList.remove(5) // 列表中移除指定位置的元素
assert bList == [5, 2, 3, 4, 6]

// 求绝对值最大的数
Comparator mc = { a, b -> a == b ? 0 : ((Math.abs(a) < Math.abs(b))
     ? -1 : 1) }
def list = [7, 4, 9, -6, -1, 11, 2, 3, -9, 5, -13]
assert list.max(mc) == -13
assert list.min(mc) == -1
// 通过聚合方法求取绝对值最大的数
assert list.inject(0) {a, b ->
```

```
    Math.abs(a) > Math.abs(b) ? a : b
} == -13
```

代码 2.29　Groovy 列表（List）其他常见操作

2.2.2　映射

Groovy 中的映射（Map）与其他语言中的字典、关联数组类似，通过 java.util.LinkedHash-Map 定义。定义时通过分号隔开键和值，可以使用字符串、数值等作为键值，如代码 2.30 所示。

```
def colors = [red: '#FF0000', green: '#00FF00', blue: '#0000FF']
assert colors['red'] == '#FF0000'  // 通过下角标获取值
assert colors.green  == '#00FF00'  // 直接通过属性值获取
assert colors['yellow'] == null  // 获取不存在的键值，则返回null
colors.yellow  = '#FFFF00'  // 通过属性赋值键值
```

代码 2.30　Groovy 映射（Map）类型定义与赋值

与列表相同，对 Map 对象中元素进行迭代访问时，一般使用 each()、eachWithIndex() 方法，如代码 2.31 所示。需要说明的是，在初始化创建的 Map 中，添加键值的顺序即为顺序访问的顺序。

```
def colors = [red: '#FF0000', green: '#00FF00', blue: '#0000FF']
colors.each {item ->
    println "${item.key}: ${item.value}"
}
colors.each {key, value ->
    println "${key}: ${value}"
}
colors.eachWithIndex {item, i ->
    println "${i} - ${item.key}: ${item.value}"
}
colors.eachWithIndex {key, value, i ->
    println "${i} - ${key}: ${value}"
}
```

代码 2.31　Groovy 映射（Map）类型元素访问

Groovy 中包装的 Map 操作方法与 List 类似，示例如代码 2.32 所示。

```
def defaults = [1: 'a', 2: 'b', 3: 'c', 4: 'd']
def overrides = [2: 'z', 5: 'x', 13: 'x']
defaults.put(6, 'f') // 调用put()方法添加元素
defaults[7] = 'g' // 直接赋值给键
defaults.putAll(overrides) // 合并两个Map对象
assert defaults == [1:'a', 2:'z', 3:'c', 4:'d', 6:'f', 7:'g', 5:'x',
    13:'x']
assert defaults.get(2) == 'z' // 获取键对应的值
defaults.clear() // 清空Map
assert defaults == [:]
```

代码 2.32　Groovy 映射类常见操作

需要注意的是，Map 在生成键值对的过程中使用的是 equals() 和 hashcode() 方法，因此在设置键的时候，不能使用可能发生变化的对象，否则当键发生变化后就无法再获取对应的值。另外，当字符串内容相同时，GString 对象与 String 对象的 hash code 是不同的，因此不可以使用 GString 对象作为键，如代码 2.33 所示。

```
def key = 'some key'
def map = [:]
def gstringKey = "${key.toUpperCase()}"
map.put(gstringKey,'value')
assert map.get('SOME KEY') == null // 键值添加失败
// 对比 map.put(gstringKey,'value')
map.put(gstringKey.toString(),'value')
assert map.get('SOME KEY') == 'value'
```

代码 2.33　Groovy 映射（Map）中键的设置

Groovy 中为 Map 类型添加了很多便于操作的方法，常用的有 List 中的 find()、findAll()、every()、any() 等方法，还有 Map 专用的方法如 keySet()、collect()、groupBy() 等，示例如代码 2.34 所示。

```
def map = [1:'a', 2:'b', 3:'c']

assert map.keySet() == [1, 2, 3] as Set // 获取Map中所有键的集合

def people = [
    1: [name:'Bob', age: 32, gender: 'M'],
    2: [name:'Johnny', age: 36, gender: 'M'],
```

```
    3: [name:'Claire', age: 21, gender: 'F'],
    4: [name:'Amy', age: 54, gender:'F']
]
// 按条件查找
def bob = people.find { it.value.name == 'Bob' }
def females = people.findAll { it.value.gender == 'F' }
def agesOfFemales = females.collect {
    it.value.age
}
assert agesOfFemales == [21,54]

def peopleList = [
    [name:'Bob', age: 32, gender: 'M'],
    [name:'Johnny', age: 36, gender: 'M'],
    [name:'Claire', age: 21, gender: 'F'],
    [name:'Amy', age: 54, gender:'F']
]
// 按条件分组
assert peopleList.groupBy { it.gender } ==
    ['M': [[name:'Bob', age:32, gender:'M'],
           [name:'Johnny', age:36, gender:'M']],
     'F': [[name:'Claire', age:21, gender:'F'],
           [name:'Amy', age:54, gender:'F']]
    ]
```

代码 2.34 Groovy Map 中的集合操作

2.2.3 范围

Groovy 中的范围（Range）类别，可以用于快速创建一个有序序列组成的列表，Range 也是 java.util.List 的一个实现。Range 使用 from..to 来声明，其中 from 是列表的起始元素，to 是结束元素，表示闭区间范围，from..<to 表示右边开区间的一个范围。其使用示例如代码 2.35 所示。

任何实现了 java.lang.Comparable 以及 next() 和 previous() 方法的类，均可以用于创建 Range 对象。

```
def range = 4..6 // 闭区间
assert range.size() == 3
def rangeOpen = 4..<6 // 开区间
assert rangeOpen.size() == 2
```

```
assert range.get(1) == 5 // 通过位置索引对象
assert range.contains(5)
assert !rangeOpen.contains(6)
assert range.from == 4
assert range.to == 6
// String实现了Comparable接口
// 可以使用String作为Range的元素
def strRange = 'a' .. 'e'
assert strRange[1] == 'b'
// Range常常用于循环操作中
for (i in 1..10) {
    println i
}
// 也可以用于switch语句中
switch (i) {
    case 1..10: println('1..10'); break;
    case 11..25: println('11..25'); break;
    default: println('out range');
}
```

代码 2.35　Groovy 范围（Range）类的定义与操作

2.2.4　集合类型的语法增强

针对集合类型，Groovy 提供了一些通用的便于操作的语法形式。

1. 展开运算符

第 1 章我们讲过了展开运算符，在这里展开运算符作为集合类型的一种语法增强，还可以有更加强大的用法，如代码 2.36 所示，在对集合类型进行操作时，使用展开运算符可以省去编写大量复杂操作代码的工作。

```
assert [ 'z': 900, *: ['a': 100, 'b': 200], 'a': 300] == ['a': 300,
    'b': 200, 'z': 900] // 合并两个Map对象，避免使用putAll()
assert [*: [3: 3, *: [5: 5]], 7: 7] == [3: 3, 5: 5, 7: 7]
// 作为参数使用展开运算符
f = { map -> map.c }
assert f(*: ['a': 10, 'b': 20, 'c': 30], 'e': 50) == 30
```

代码 2.36　Groovy 展开运算符

2. GPath

对于具有嵌套结构的集合类型，Groovy 可以使用索引形式获取所有元素的指定值，这里称为 GPath。GPath 是一种集成到 Groovy 的路径表达式语言，可以识别部分嵌套的结构化数据，其作用与 XML 中的 XPath 类似，如代码 2.37 所示。

展开运算符也有相似的功能，但对于 null 对象有差别。GPath 是获取集合对象中非空元素特定字段，展开运算符则是将运算符后面的操作依次应用到集合对象的每个元素上。我们可以将 GPath 作为特定应用场景下展开运算符的简写形式。

```
def listOfMaps = [['a': 11, 'b': 12], ['a': 21, 'b': 22], null]
assert listOfMaps.a == [11, 21] // GPath运算
assert listOfMaps*.a == [11, 21, null] // 展开运算符*, 将getA()操作应用到
    每个元素上
assert listOfMaps*.size() == [2, 2, null] // 将size() 操作应用到每个元素上
```

代码 2.37　Groovy GPath 运算

3. 子集运算符

Groovy 中可以使用下标表达式对列表、数组、映射以及字符串进行索引，如代码 2.38 所示。其中字符串被视为特殊类型的集合。

```
def text = 'nice cheese gromit!'
def sub = text[5..10]
assert sub == 'cheese'
def name = text[-7..-2] // 反向查找
assert name == "gromit"
def nameR = text[-2..-7] // 逆序输出
assert nameR == 'timorg'

def list = [10, 11, 12, 13] // 获取列表子集
def answer = list[2,3]
assert answer == [12,13]
```

代码 2.38　Groovy 子集运算符

2.3　Groovy 闭包

闭包是可以使用参数的代码片段，每个闭包都会被编译成一个类（该类继承了 groovy.lang.Closure），这个类中包含一个 call() 方法，通过该方法可以传递参数并调用该闭包。在闭包

中可以访问并修改闭包所在范围内的变量，闭包内创建的变量在闭包被调用的范围内同样可以被引用，闭包可以保存在变量中并可以作为参数传递到方法中。

在 Groovy 中，闭包可以使用并操作闭包外定义的变量，对这些变量的操作，可以为闭包提供很多优势。

2.3.1 闭包声明

通过 { [closureParameters ->] statements }语句可以定义一个闭包，其中 [closureParameters ->] 是可选的、以逗号分割的闭包参数列表，类似于方法的参数，可以是声明类型的，也可以是不声明类型的；statements 为闭包内的 Groovy 语句。

当闭包有参数传入时，必须使用 -> 符号，用于分割参数和闭包代码。当闭包中不传入参数时，默认用 it 作为隐式参数。在声明参数的时候，参数类型、参数默认值都是可选的，参数名称是必需的，与类中的方法相同，闭包也可以接收数量可变的参数，代码 2.39 展示了闭包的声明形式。

```
{ item++ } // 使用闭包外定义的变量
{ println it } // 使用隐式参数it
{ it -> println it } // 显式地定义参数
{ name -> println name } // 显式地定义参数
{ String x, int y -> // 接收多个参数的闭包
    println "hey ${x} the value is ${y}"
}
def concat1 = { String... args -> args.join('') } // 接收可变的参数
```

代码 2.39 Groovy 闭包声明形式

2.3.2 闭包使用

闭包的调用和方法的调用类似，可以直接调用，也可以传递参数，其使用方式如代码 2.40 所示。

```
def code = { 123 }
assert code() == 123 // 直接调用闭包
assert code.call() == 123 // 通过call()方法调用闭包

def isOdd = { int i -> i%2 != 0 } // 定义包含一个int类型参数的闭包
assert isOdd(3) == true // 直接调用
assert isOdd.call(2) == false // 通过call()方法调用

def isEven = { it%2 == 0 } // 使用隐式参数
```

```
assert isEven(3) == false
assert isEven.call(2) == true
```

代码 2.40　Groovy 闭包的使用

2.3.3　闭包中的参数

闭包是可以接收参数的，并且闭包的参数与常规方法的参数是相同的，都包括参数类型、名称以及默认值 3 个组成部分。

1. 显式参数

闭包中显式参数的使用如代码 2.41 所示，通过代码我们可以看到闭包接收显式参数时与方法接收参数时的处理逻辑相同，传递的参数值会默认尝试匹配指定的参数类型。如果设置了参数的默认值，则会在没有传递对应的参数时使用其默认值。

```
// 未指定参数的类型，只有参数的名称
def strToUpperCase = {str -> str.toUpperCase()}
assert strToUpperCase('Groovy') == 'GROOVY'
// 未指定参数类型，计算过程中会默认转换数据类型，也可能会报错
def sumOrConcatenate = {a, b -> a + b}
assert sumOrConcatenate(1,2) == 3
assert sumOrConcatenate(1,'a') == '1a'

// 指定参数类型
def strToUpperCase = {String str -> str.toUpperCase()}
assert strToUpperCase('Groovy') == 'GROOVY'
def sumOrConcatenate = {int a, int b -> a + b}
assert sumOrConcatenate(1,2) == 3
assert sumOrConcatenate(1,'a') == '1a' // 'a'无法转换为int，抛出错误

// 指定参数的默认值
def sumOrConcatenate = {int a, int b=1 -> a + b}
assert sumOrConcatenate(1) == 2
```

代码 2.41　Groovy 闭包的显式参数

2. 隐式参数

通常闭包通过 -> 符号来显式地定义参数，但即使没有人为定义参数，闭包也会默认添加一个隐式参数，可以用 it 获取隐式参数的值。如代码 2.42 所示，定义 greeting 闭包时我们没有添加显式的参数，但是仍然可以使用 it 来获取传入的参数值。

代码 2.42 中还展示了有无 -> 符号的区别：有 -> 的闭包，在调用时不可传入参数；没有 -> 的闭包，在调用时参数可有可无。因此，我们可以使用该规则限定某个闭包在调用时不可传入参数。

```
// 隐式参数的使用
def greeting = {"hello ${it}"}
assert greeting('Bob')=='hello Bob'
// 没有添加符号-> ，可以不传入参数
assert greeting() == 'hello null'

def greetingTo = { -> 'hello ${it}'}
assert greeting('Bob) == 'hello Bob'
// println greeting() // 无法调用，必须传入参数
```

代码 2.42　Groovy 闭包的隐式参数

3. 可变长参数

当闭包需要接收不定数量的参数时，可以在定义时将可变长参数放在最后，如代码 2.43 第一行所示，第一个参数为 int，第二个参数可以是多个 String 类型的参数。当然我们可以如代码中 concat2 所示，不指定参数的类型。

```
def concat = {int a, String... strs ->
    str.join('')*a
}
assert concat(2, 'a', 'b', 'c') == 'abcabc'
def concat2 = { .. strs ->
    strs.join('')
}
```

代码 2.43　Groovy 闭包的可变长参数

2.3.4　GString 中使用闭包

这里我们首先需要注意的是，在 Groovy 中，GString 对象中的值是在使用的时候才确定的，定义时并不会直接确定。然后我们看代码 2.44，可能读者会奇怪，前面不是讲到在使用的时候才会确定 GString 对象的值吗？那么为什么当我们改变 x 的值之后 gs 的值还是原来的 x = 1 呢？

这是因为在这段代码中 1 和 2 是两个对象，在定义 gs 时占位符 ${x}指向的是常量对象 1，当改变 x 的值为 2 时更改的是另一个对象，而不是原来的对象（常量对象不同的值对应

不同的对象，存放在栈中，x 可以理解为对象的引用)。通过 System.identityHashCode(x) 我们可以输出改变值前后 x 的内存地址，可见不是相同的对象。

同时，我们对比 Person 类的对象定义，这里对象 sam、lucy 从始至终都指向堆中的同一个内存地址，可以对应上面的对象 1 和 2，p 可以对应上面的 x。当改变 p 的值时（想象改变 x 的值），GString 的值不会发生变化；当改变 sam 内的值时（想象改变 1 所在内存地址中的值），GString 的值才会发生变化。

```
// GString中使用闭包，在字符串中插入引用def变量
x = 1 // 基本类型的常量对象，存放在栈中
println System.identityHashCode(x) // 输出当前x的内存地址
def gs = "x = ${x}"
assert gs == 'x = 1' // true
x = 2
println System.identityHashCode(x) // 输出当前x的内存地址
// fail! 仅仅改变的是x的值，而不是gs中引用的那个x的值
assert gs == 'x = 2'

// 自定义类
class Person {
    String name
    String toString() { name }
}
// 创建的对象，存放在堆中
def sam = new Person(name:'Sam')
def lucy = new Person(name:'Lucy')
println System.identityHashCode(sam) // 输出当前sam的内存地址
println System.identityHashCode(lucy) // 输出当前lucy的内存地址
def p = sam
def gs = "Name: ${p}"  // gs中的p，对应的是sam这个对象
assert gs == 'Name: Sam'
p = lucy  // p变量指向了lucy
assert gs == 'Name: Sam' // gs中的p，仍然指向的是sam这个对象
sam.name = 'Lucy'  // 更改sam这个对象的name
assert gs == 'Name: Lucy'  // gs的内容发生改变，因为引用的p 指向的是sam
```

代码 2.44　GString 中占位符的理解

以上我们对 GString 中占位符的含义进行了讲解，当变量的指向发生变化时，GString 中的内容并不会发生变化。

但是如果我们需要针对 GString 对象进行延迟求值，这个特性会影响我们的使用，需要将占位符更改为闭包，如代码 2.45 所示。根据代码 2.45，当更改 p 的指向时，gs 的值也相应发生变化。这里可以理解为该闭包不接收任何参数，仅在闭包中使用了外部变量 p，当运行闭包时 p 的值即为当前的值。

```
class Person {
    String name
    String toString() { name }
}
def sam = new Person(name:'Sam')
def lucy = new Person(name:'Lucy')
def p = sam
// 使用延迟计算方式创建一个GString对象，变量为p
def gs = "Name: ${-> p}"  // 使用声明的无参闭包
assert gs == 'Name: Sam'
p = lucy
assert gs == 'Name: Lucy'
```

代码 2.45　GString 中闭包的使用

2.3.5　闭包中的 curry() 方法

一个闭包可以接收多个参数，如果希望在某种情况下固定其中的参数，可以使用 curry() 方法，使用方式如代码 2.46 所示。我们可以通过 curry() 方法固定左侧的参数的值，通过 rcurry() 方法固定右侧的参数的值，通过 ncurry() 方法固定指定位置的参数的值。

```
// left currying: 将左侧参数固定为2
def nCopies = { int n, String str -> str*n }
def twice = nCopies.curry(2)
assert twice('bla') == 'blabla' // 仅输入右侧参数
assert twice('bla') == nCopies(2, 'bla')

//right currying: 将右侧参数固定为'bla'
def nCopies = { int n, String str -> str*n }
def blah = nCopies.rcurry('bla')
assert blah(2) == 'blabla'  // 仅输入左侧参数
assert blah(2) == nCopies(2, 'bla')

// index currying: 固定指定位置的参数值
def volume = { double l, double w, double h -> l*w*h }
```

```
def fixedWidthVolume = volume.ncurry(1, 2d) // 固定第二个参数w的值
assert volume(3d, 2d, 4d) == fixedWidthVolume(3d, 4d)
```

代码 2.46　固定闭包中的参数值

Groovy 闭包还有很多使用技巧与特性，这里我们介绍了基本的使用方式，读者可以查阅官方文档继续了解其高级特性。

2.4　本章小结

本章针对 Grails 框架所使用的 Groovy 语言进行了入门级讲解，针对 Groovy 的基本语法、集合类型以及闭包的使用提供了常见的使用场景和用例展示。开发人员在后继使用过程中还需要进一步实践，这里讲到的只是 Groovy 语言的基础知识，如果希望使用一些高级特性，则还要详细查看说明文档。通过本章我们也可以看到 Groovy 语言的语法很直观、简单，并且提供了很多灵活操作，这也使得 Grails 框架成为一个高效的开发框架。

第2部分

Grails框架核心特性

第 3 章 数据访问

本章我们将探索如何在 Grails 框架中进行数据访问，即如何通过 Grails 框架连接数据库以完成对数据的增、删、改、查操作。读者若使用过其他 Web 框架，会发现该功能通常是框架中相对比较复杂的部分。相对来说，Grails 框架提供一个简单易用的、基于 Hibernate 的数据访问框架 —— Grails 对象关系映射（GORM）。通过 GORM，开发者可快速完成对数据的操作，甚至在开发过程中无须编写 SQL 语句或 Hibernate 的 XML 映射文件，通过本章的学习我们将感受到 GORM 带来的更高的开发效率。

3.1 对象关系映射基础

领域模型（Domain Model，以下简称模型）是业务应用的核心，它们保存了业务处理过程中的状态和基础数据，通常这些模型通过一对一、一对多或多对多的关联联系在一起。

GORM 是 Grails 框架对象关系映射（Object Relational Mapping，ORM）的实现，该实现构建于流行的 Hibernate 框架之上，通过可灵活配置的 Hibernate、支持动态特性的 Groovy 语言和基于约定优先的 Grails 框架，使开发者可快速创建模型。

GORM 针对不同的数据库有多种实现，本章主要介绍基于 Hibernate 的 GORM 实现。GORM 最早的数据访问实现就是基于 Hibernate 的，通过近几年的发展，GORM 不断完善，逐步完成了对多种关系型数据库和 NoSQL 数据库的访问支持。以下是 GORM 的其他实现。

- GORM for MongoDB。
- GORM for Neo4j。
- GORM for Redis。
- GORM for Cassandra。
- RxGORM for MongoDB。
- RxGORM for REST。

在本章中，我们介绍的 GORM 是基于 Hibernate 实现的，因此若无特殊说明，GORM 都表示基于 Hibernate 的 GORM。

3.2 基本 CRUD 操作

CRUD 是业务系统对数据库的基本操作形式，分别对应创建（create）、读取（retrieve）、更新（update）、删除（delete）。本节我们演示如何使用 GORM 进行基本的 CRUD 操作。首先我们通过 Grails 框架的 create-domain-class 命令创建一个模型，该命令可以在 grails-app/domain 目录下创建一个 Groovy 文件，如代码 3.1 所示。

```
grails create-domain-class helloworld.Person
```

代码 3.1　创建模型

通过以上命令可以创建 grails-app/domain/helloworld/Person.groovy 文件，该文件内容如代码 3.2 所示。

```
package helloworld

class Person {
}
```

代码 3.2　默认模型代码

接下来我们在创建的模型中添加一些字段，如代码 3.3 所示。

```
class Person {
    String name
    Integer age
    Date lastVisit
}
```

代码 3.3　在创建的模型中添加字段

通过以上步骤，我们完成了一个模型的创建，在 Grails 应用启动时该模型可以自动映射为数据库中的一个表[①]。下面我们通过该模型介绍 Grails 框架中基础的增、删、改、查操作。

3.2.1 创建

在创建一条数据时，我们首先需要调用模型的构造方法并传入其属性值，之后调用其 save() 方法完成一条数据的保存，如代码 3.4 所示。

① 通常模型的命名方式采用大驼峰法，默认情况下映射到数据库的表名采用下画线法命名，即模型 MyDomain 映射为表 my_domain

```
def p = new Person(name: "Fred", age: 40, lastVisit: new Date())
p.save()
```

代码 3.4　创建一条数据记录

每一个模型对象都有 save() 方法，该方法通过调用底层 Hibernate 的对象关系映射层来完成对数据的持久化。

3.2.2　读取

Grails 框架中的模型默认隐含一个 id 属性，该属性将被映射为数据库中表的主键，我们可以通过该属性完成数据的读取，如代码 3.5 所示。

```
def p = Person.get(1)
assert 1 == p.id
```

代码 3.5　根据主键 id 获取数据记录

通过 get(id) 可实现从数据库中读取数据，此时得到的数据实例是可写的，对该数据实例的修改会同步到数据库。另外也可以使用 read(id) 从数据库中得到一个只读的数据对象，如代码 3.6 所示。

```
def p = Person.read(1)
```

代码 3.6　使用 read(id) 获取只读对象

在使用通过 read(id) 方法获取数据实例时，底层的 Hibernate 引擎不会进行实时地脏数据检查①，对数据对象的修改也不会在调用 flush() 的时候持久化到数据库。但如果明确调用了 save() 方法，该数据对象将转换为读写模式。

除此之外，我们还可以通过 load(id) 为数据加载一个数据对象的代理，如代码 3.7 所示。

```
def p = Person.load(1)
```

代码 3.7　使用 load(id) 加载对象代理

通过 load(id) 方法加载数据时并不会触发数据库访问，只有当调用数据对象采用除 getId() 之外的方法时，对数据库的访问才真正触发。

① 脏数据检查用于验证从数据库获取的数据对象在使用过程中是否被修改

3.2.3 更新

更改数据记录的属性值后，执行 save() 方法完成更新操作，如代码 3.8 所示。

```
def p = Person.get(1)
p.name = "Bob"
p.save()
```

代码 3.8 更新数据记录

在数据读取部分我们介绍了使用 get(id) 和 read(id) 读取数据的区别，在代码 3.9 中，我们通过数据更新演示不同的数据获取方式在更新时的区别。

```
def person = Person.get(1)
person.name = 'foo'
println(person.dirty)
// output: true
def person1 = new Person(name: "Fred", age: 40, lastVisit: new
    Date())
person1.save(flush: true)
// 此时id为1的数据的name字段被修改为foo
```

代码 3.9 使用 get(id) 方法获取数据并尝试更新

在代码 3.9 中，我们通过 get(id) 方法获取数据，此时数据对象会进行脏数据检查，即将 person.dirty 变为 true ，同时我们通过保存 person1 数据来触发 flush，person1 被保存到数据库的同时，person 的修改也会被保存到数据库。也就是当通过 get(id) 获取数据并修改后，即使不显式调用 save() 方法，在 flush 时数据也会被持久化。

而通过 read(id) 方法获取的数据实例，则不会进行脏数据检查，同时对数据实例的修改也不会被同步到数据库（除非对 person 对象显式调用 save() 方法），如代码 3.10 所示。

```
def person = Person.read(1)
person.name = 'foo'
println(person.dirty)
// output: false
def person1 = new Person(name: "Fred", age: 40, lastVisit: new
    Date())
person1.save(flush: true)
// 此时id为1的数据的name字段未被修改
```

代码 3.10 使用 read(id) 方法获取数据并尝试更新

3.2.4　删除

调用数据对象的 delete() 方法可完成对数据的删除，如代码 3.11 所示。

```
def p = Person.get(1)
p.delete()
```

代码 3.11　删除数据记录

3.3　GORM 基础配置

在“约定优于配置”原则的指导下，Grails 框架创建应用后无须任何配置即可运行应用，这对于尝试 Grails 框架或学习 Grails 框架都很有帮助。但当我们真正使用 Grails 框架开发实际项目时，则需要根据项目需求修改配置，本节我们将介绍 GORM 的一些基础配置。

3.3.1　数据源配置

通过 grails create-app 命令创建一个 Grails 应用时，Grails 框架默认使用 H2 数据库，该数据库是一个使用 Java 开发的嵌入式数据库，具有轻量级、启动速度快的优点，在本章的学习中我们使用该默认数据库。当然，我们也可以通过配置其他数据源，默认的数据源配置如代码 3.12 所示。

```
hibernate:                                          # ①
    cache:
        queries: false
        use_second_level_cache: false
        use_query_cache: false
dataSource:                                         # ②
    pooled: true
    jmxExport: true
    driverClassName: org.h2.Driver
    username: sa
    password: ''
environments:                                       # ③
    development:
        dataSource:
            dbCreate: create-drop
            url: jdbc:h2:mem:devDb;MVCC=TRUE;LOCK_TIMEOUT=10000;
                DB_CLOSE_ON_EXIT=FALSE
    test:
```

```
        dataSource:
            dbCreate: update
            url: jdbc:h2:mem:testDb;MVCC=TRUE;LOCK_TIMEOUT=10000;
                DB_CLOSE_ON_EXIT=FALSE
    production:
        dataSource:
            dbCreate: none
            url: jdbc:h2:./prodDb;MVCC=TRUE;LOCK_TIMEOUT=10000;
                DB_CLOSE_ON_EXIT=FALSE
            properties:
                jmxEnabled: true
                initialSize: 5
                maxActive: 50
                minIdle: 5
                maxIdle: 25
                maxWait: 10000
                maxAge: 600000
                timeBetweenEvictionRunsMillis: 5000
                minEvictableIdleTimeMillis: 60000
                validationQuery: SELECT 1
                validationQueryTimeout: 3
                validationInterval: 15000
                testOnBorrow: true
                testWhileIdle: true
                testOnReturn: false
                jdbcInterceptors: ConnectionState
                defaultTransactionIsolation: 2 #TRANSACTION_READ_
                    COMMITTED
```

代码 3.12　数据源默认配置

上述配置标号①处，为 Hibernate 的配置，通过这些配置可灵活使用 Hibernate，但此处我们暂不讨论。

上述配置标号②处，为所有数据源的默认配置，可以将该配置看作其他数据源配置的超类，即其他数据源配置继承该配置。

上述配置标号③处，为 Web 应用在不同环境下的数据源配置。在 Grails 框架中可以根据应用的不同运行环境分别进行配置，运行环境可以分为 development、test、production，分别表示开发环境、测试环境、生产环境。我们在学习过程中可以只关注 development 下的配置，默认的运行方式（grails run-app）使用的是开发环境。

数据源的配置信息在 grails-app/conf/application.groovy 或 grails-app/conf/application.yml 文件中，几个重要的配置字段如下。

- **driverClassName**：数据库驱动的类名。
- **username**：数据库连接用户名。
- **password**：数据库连接密码。
- **url**：数据库连接地址。
- **dbCreate**：模型与数据库的映射模式。
- **pooled**：是否启用数据库连接池。
- **logSql**：是否启用 SQL 日志。
- **dialect**：Hibernate 数据库方言的类名。
- **jndiName**：JNDI 的名称。
- **lazy**：该数据源是否使用懒加载模式。

一个经典的 MySQL 的数据库连接配置如代码 3.13 所示。

```
environments:
    development:
        dataSource:
            pooled: true
            dbCreate: "update"
            url: "jdbc:mysql://localhost:3306/my_database"
            driverClassName: "com.mysql.jdbc.Driver"
            dialect: org.hibernate.dialect.MySQL5InnoDBDialect
            username: "username"
            password: "password"
            properties:
                jmxEnabled = true
                initialSize = 5
                maxActive = 50
                minIdle = 5
                maxIdle = 25
                maxWait = 10000
                maxAge = 10 * 60000
                timeBetweenEvictionRunsMillis = 5000
                minEvictableIdleTimeMillis = 60000
                validationQuery = "SELECT 1"
                validationQueryTimeout = 3
                validationInterval = 15000
                testOnBorrow = true
                testWhileIdle = true
```

```
            testOnReturn = false
            jdbcInterceptors = "ConnectionState;StatementCache
                (max=200)"
            defaultTransactionIsolation = java.sql.Connection.
                TRANSACTION_READ_COMMITTED
```

代码 3.13 MySQL 数据库连接配置示例

配置中 dbCreate 的值为 update，即根据模型的定义自动更新数据库中对应的表结构，dbCreate 的可选值如下。

- **create**：在启动时先删除已存在的表和索引等，然后创建数据表，会造成数据丢失。
- **create-drop**：与 create 类似，但是在应用退出时也会删除应用启动时创建的表。
- **update**：在启动时创建数据库中不存在的表和索引，并将模型中的修改同步到数据库。注意，此处无法保证能正确处理所有的变更（比如重命名列在这里只会创建一个新的列，不会删除原名对应的列）。
- **validate**：不会改变数据库的表结构，只在启动时验证模型与数据表之间的差异，并通过日志提示。
- 其他任何值：不进行任何操作。

当我们的模型结构相对稳定或将应用部署到生产环境时，一般建议将 dbCreate 的值设为 none。

以上配置为数据源的基础配置，据此可完成 Web 应用连接 MySQL 或 Oracle 等数据库的配置。

3.3.2 配置项参考

常用的 GORM 相关配置如表 3.1 所示，我们在使用 GORM 时需要注意这些配置会在很大程度上影响 GORM 的运行方式。

表 3.1 GORM 常用配置

配置名称	描述	默认值
grails.gorm.flushMode	使用的 flush 模式	AUTO
grails.gorm.failOnError	在数据保存时数据校验失败是否抛出异常	false
grails.gorm.default.mapping	针对所有模型的默认映射配置	null
grails.gorm.default.constraint	针对所有模型的默认约束配置	null
grails.gorm.multiTenancy.mode	多租户模式	NONE

通过下述的配置可以灵活控制 GORM 底层的 Hibernate 的行为。

- **hibernate.dialect**：Hibernate 使用的数据库方言，框架会根据数据源类型自动选择不同的方言。
- **hibernate.readOnly**：设置 Hibernate 是否只读，默认值为 false。

- **hibernate.configClass**：Hibernate 使用的配置类，默认值为 HibernateMappingContextConfiguration。
- **hibernate.hbm2ddl.auto**：是否在启动时自动创建表，默认值为 none。
- **hibernate.use_second_level_cache**：是否启用二级缓存，默认值为 true。
- **hibernate.cache.queries**：是否缓存所有的查询，默认值为 false。
- **hibernate.cache.use_query_cache**：是否启用查询缓存，默认值为 false。
- **hibernate.configLocations**：额外的 Hibernate XML 配置文件路径，默认值为 hibernate.packagesToScan。

在 Hibernate 的配置中，所有以“hibernate.”开头的配置都会被传递给底层的 Hibernate，因此任何针对 Hibernate 的特殊配置都是可行的。

3.3.3 映射与约束

在上述配置中，我们需要单独对 grails.gorm.default.mapping 和 grails.gorm.default.constraints 进行说明，因为这两个配置项对所有的模型都起作用。

1. 修改默认的数据库映射

Grails 框架的默认行为可以很好地支持应用与数据库的数据交互，但在实际开发中，不可避免地需要修改一些默认行为以符合我们的特殊要求。比如 GORM 默认为所有模型添加了 id 字段，并且该 id 字段被映射为数据库中的一个自增列。如果我们希望将所有模型的 id 值生成策略修改为 uuid 的形式，可以进行代码 3.14 所示配置。

```
// file: grails-app/conf/application.groovy
grails.gorm.default.mapping = {
    id generator:'uuid'
}
```

代码 3.14 修改默认的数据库映射

由于 mapping 配置使用了 Groovy 语法的配置，因此上述配置我们必须使用 Groovy 可识别的格式，相较于 YAML 格式的配置，该配置语法更加灵活。如果项目中已经使用了 YAML 配置文件，可以额外创建 application.groovy 文件，将额外的配置信息放在该 Groovy 配置文件中。

2. 修改默认数据字段约束

通常在保存数据之前，需要验证数据中各个字段是否符合我们的要求，因此我们需要为模型的各个字段设置字段约束。例如，默认情况下所有的字段都是不可为空的，这也就意味着在保存数据时所有的字段都必须指定一个值，否则无法通过数据校验。该默认配置在大多数时候是可行的，但当我们需要特殊的字段约束时则需要进行配置修改，如代码 3.15 所示。

```
// file: grails-app/conf/application.groovy
grails.gorm.default.constraints = {
    '*'(nullable: true, size: 1..20)
}
```

代码 3.15 修改默认数据字段约束

通过代码 3.15 所示的配置，我们设置所有模型的所有字段都可为空，同时字段的长度为 1~20[①]。

3.3.4 Hibernate 配置

GORM 提供了多种方式灵活定制底层的 Hibernate，在 3.3.2 节中我们提到任何配置都可以传递给底层的 Hibernate 框架，因此我们可以为 Hibernate 设置任意其本身已有的配置。对于更高级的配置，我们可以通过设置 HibernateConnectionSourceFactory 或提供 HibernateMappingContextConfiguration 实例来实现。

（1）**HibernateConnectionSourceFactory**

HibernateConnectionSourceFactory 用于在应用启动时创建一个 Hibernate SessionFactory。

在 Grails 框架中 HibernateConnectionSourceFactory 可被注册为一个 Spring bean，bean 的名字为 hibernateConnectionSourceFactory 。可通过该类的实例为 Hibernate 指定拦截器（Interceptor）和 MetadataContributor。

（2）**HibernateMappingContextConfiguration**

默认情况下 HibernateMappingContextConfiguration 由 HibernateConnectionSourceFactory 构建，但我们可以通过配置指定一个新的实现。

```
// file: grails-app/conf/application.groovy
hibernate.configClass = com.example.MyHibernateMappingContextConfiguration
```

该定制类需要继承 HibernateMappingContextConfiguration，通过该类可以添加额外的包、类、hbm.cfg.xml 文件等。

3.4 GORM 建模

我们在解决实际问题时，首先要做的工作就是对现实中存在的问题进行建模。例如，当我们要开发一个图书商店应用时，我们需要考虑如何表示图书、作者、出版商和顾客等之间的关系。

① 该长度可以表示一个集合的大小、字符串的长度或数字的范围

GORM 通过 Groovy 类进行建模，假定图书被建模为 Book 类，该类中可能包含标题、出版日期、书号等属性。在本章中我们将演示如何对现实问题进行建模。

通常我们使用命令行工具创建模型，命令如代码 3.16 所示。

```
grails create-domain-class org.bookstore.Book
```

代码 3.16　创建模型

通过代码 3.16 所示命令，我们创建了一个 Book.groovy 模型，该模型的内容如代码 3.17 所示。

```
// file: grails-app/domain/org/bookstore/Book.groovy
package org.bookstore

class Book {
    static constraints = {
    }
}
```

代码 3.17　默认模型内容

该模型会自动映射为数据库的 book 表，接下来我们根据实际情况为该模型添加属性，如代码 3.18 所示。

```
// file: grails-app/domain/org/bookstore/Book.groovy
package org.bookstore

class Book {
    String title
    Date releaseDate
    String ISBN
}
```

代码 3.18　为 Book. groovy 模型添加属性

上述模型将在数据库中生成一个名为 book 的数据表，同时包含 title 、release_date 、isbn 字段，模型的表名映射规则和字段映射规则都可灵活配置，我们之后会详细讲述该部分内容。另外需要注意的是模型的属性不能写作类似于 FooBar 这种大驼峰的命名方式[1]，否则会导致应用无法启动。

① 这与 Groovy 的类属性映射有关

以上是对个体的建模，接下来本章将讲述建模过程中的主要建模方式，通过本章的学习可以做到更合理地对实际问题进行建模。

3.4.1 关联关系

关联关系建模是常用的建模方式之一，关联关系描述了模型之间的联系，并指定了模型之间的行为交互。通常关联关系包含多对一、一对一、一对多和多对多。

1. 多对一建模和一对一建模

多对一关系是相对简单的一种关联关系，该关联关系的建模实例如代码 3.19 所示。

```
// file: grails-app/domain/Author.groovy
class Author {
    Book book
}

// file: grails-app/domain/Book.groovy
class Book {
}
```

代码 3.19　多对一建模

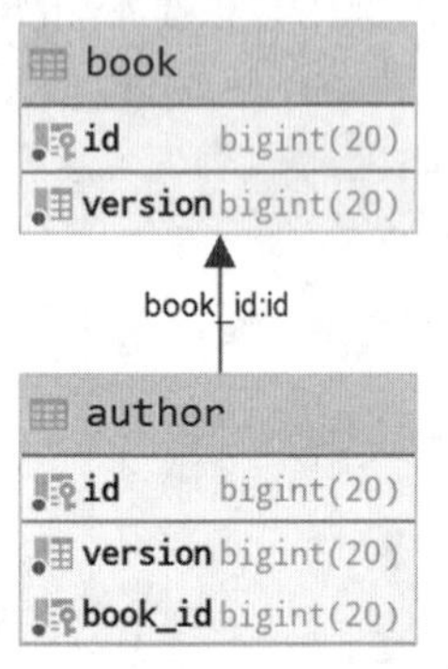

图 3.1　多对一关系数据库 ER 图

如代码 3.19 所示，我们建立了从 Author 到 Book 的单向多对一关系，即表示同一个 Book 可以关联不同 Author。在数据库中，以上模型将映射为 author 表和 book 表，其中 author 表中将创建 book_id 字段用于关联一条 book 表中的记录。图 3.1 为其数据库的 ER 图。

以上建模方式仅进行了单向定义，我们也可以双向定义两者之间的关系，我们对其做代码 3.20 所示修改。

```
// file: grails-app/domain/Author.groovy
class Author {
    Book book
}

// file: grails-app/domain/Book.groovy
class Book {
```

```
    static belongsTo = [author: Author]
}
```

代码 3.20 一对一建模

在代码 3.20 中，我们通过 belongsTo 定义了一个 Book 属于某一个 Author。在 belongsTo 的作用下，Author 和 Book 的创建和删除将具有级联关系，即当我们删除一条 Author 数据时，对应的 Book 数据也会被删除。代码 3.21 演示了如何保存和删除具有级联关系的数据记录。

```
new Author(book:new Book()).save() // 同时保存Author和Book数据
new Book(author:new Author()).save() // 该保存方式将会出错

// delete
def f = Author.get(1)
f.delete() // 数据库中的Author数据和Book数据都会被删除
```

代码 3.21 belongsTo 级联行为

如代码 3.21 所示，我们在保存数据时需要注意 belongsTo 所规定的主从关系，我们只能在保存主数据 Author 的时候添加从数据 Book ，而无法直接调用 Book 的 save() 方法。另外，belongsTo 定义的 author 属性并不会在数据库中映射为一个字段，这只是一个逻辑上的关系，即 belongsTo 仅用于规定数据之间的级联关系。

通过以上建模我们可以得到一个松散的一对一关系，因为在这种建模方式中我们依然可以将同一个 Book 实例关联给不同的 Author 实例，如代码 3.22 所示。该方式虽然可以将数据成功保存，但在删除数据时将会引发错误，因此在建模关系中需要尽量避免将同一 Book 数据关联给不同的 Author 数据。

```
new Author(book: Book.get(id)).save(failOnError: true, flush:
  true)
```

代码 3.22 一对一模型错误数据保存方式演示

下面我们定义一个严格的一对一关系，这里需要用到 hasOne 属性，如代码 3.23 所示。

```
// file: grails-app/domain/Author.groovy
class Author {
    static hasOne = [book:Book]
}

// file: grails-app/domain/Book.groovy
```

```
class Book {
    Author author
    static constraints = {
        author unique: true
    }
}
```

代码 3.23 hasOne 一对一建模

通过代码 3.23 建模生成的数据库 ER 图如图 3.2 所示。

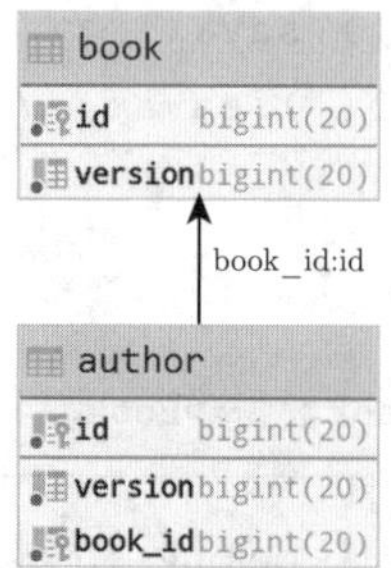

图 3.2 一对一关系数据库 ER 图

在构建一对一关系时，我们为 author 字段添加了唯一约束，这将限制一个 book 只能关联一个 author。在这种建模方式中，数据的创建和删除也都具有级联行为。

2. 一对多建模

一对多关系用于表示一个模型拥有另一个模型多个实例时的情况，例如一个作者可能拥有多本著作，此时可以用 hasMany 来定义一对多的关系，如代码 3.24 所示。

```
// file: grails-app/domain/Author.groovy
class Author {
    static hasMany = [books: Book]
    String name
}

// file: grails-app/domain/Book.groovy
class Book {
    String title
}
```

代码 3.24 一对多关系建模

如代码 3.24 所示建模方式，我们定义了单向的一对多关系。在默认情况下，GORM

通过创建一个关联表来维持这种一对多的关系[①]，因此将生成 3 个数据表 book、author 和 author_book，其中 author_book 为关联表，数据库 ER 图如图 3.3 所示。

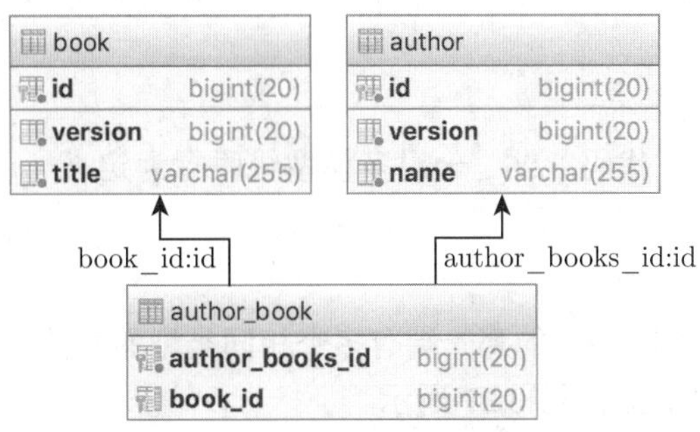

图 3.3 一对多关系数据库 ER 图

在编写代码过程中，Author 的实例可以获取类型为 java.util.Set 的 book 属性，如代码 3.25 所示。

```
def author = Author.get(1)                    // ①

for (book in author.books) {                  // ②
    println book.title
}
```

代码 3.25 一对多模型数据获取

这里需要注意，GORM 对关联数据的默认抓取策略为 lazy，这意味着在代码 3.25 的①处并未从数据库查询所有关联的 Book 数据，在代码 3.25 的②处需要实际访问 Book 时才真正从数据库查询 Book 数据。这里可能会造成数据库访问的 $N+1$ 问题[②]，开发者需要把握出现问题的可能性，对可能出现问题的查询手动设置数据抓取策略[③]。

代码 3.24 的建模方式并不完全支持级联行为，仅在创建数据和更新数据时具备级联行为，为使得删除数据时具备级联行为，需要添加 belongsTo 定义，如代码 3.26 所示。

```
// file: grails-app/domain/Author.groovy
class Author {
    static hasMany = [books: Book]
    String name
}

// file: grails-app/domain/Book.groovy
```

① 可以通过映射（mapping）配置使用外键来维持一对多关系，这些内容将在 3.7.2 节说明
② 读者可自行查阅资料了解 $N+1$ 问题，这里不做具体解释
③ 将在 3.6 节中介绍

```
class Book {
    static belongsTo = [author: Author]
    String title
}
```

代码 3.26　一对多模型级联行为定义

3. mappedBy

在一对多关系中，如果在“多”的那一端有多个相同类型的属性，我们需要使用 mappedBy 来指定如何进行双向映射，如代码 3.27 所示。

```
// file: grails-app/domain/Airport.groovy
class Airport {
    static hasMany = [outboundFlights: Flight, inboundFlights:
       Flight]
    static mappedBy = [outboundFlights: "departureAirport",
                       inboundFlights: "destinationAirport"]
}

// file: grails-app/domain/Flight.groovy
class Flight {
    Airport departureAirport
    Airport destinationAirport
}
```

代码 3.27　一对多模型中 mappedBy 应用

我们结合代码 3.27 和其生成的图 3.4 所示的数据库 ER 图来解释为什么要使用 mappedBy。在现实情况中航线与飞机场是互相关联的，因此在建模中我们需要航线与飞机场可以互相引用。在没有 mappedBy 配置的情况下，GORM 无法知道 outboundFlights 映射

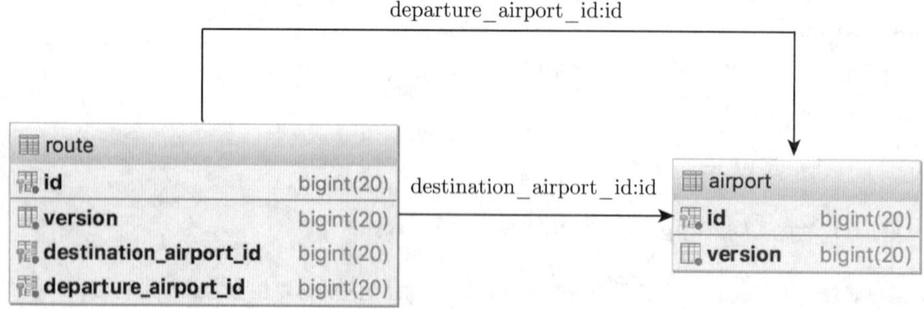

图 3.4　mappedBy 演示数据库 ER 图

的是 Flight 中的哪个字段。从数据库 ER 图来看，属性 outboundFlights 和 inboundFlights 都是代码中的逻辑关系，在数据库中无实际映射关系，也就是当我们在 Airport 的数据实例上引用 outboundFlights 属性时，GORM 无法确定生成的 SQL 查询语句的筛选条件是 departureAirport 还是 destinationAirport。

mappedBy 不仅可以在一对多建模中使用，还可以在一对一、多对一和多对多的建模中使用。

4. 多对多建模

多对多建模可以通过在关联模型的两端添加 hasMany 来定义，并且需要定义 belongsTo 来指定从属关系，如代码 3.28 所示。

```
// file: grails-app/domain/Book.groovy
class Book {
    static belongsTo = Author
    static hasMany = [authors:Author]
    String title
}

// file: grails-app/domain/Author.groovy
class Author {
    static hasMany = [books:Book]
    String name
}
```

代码 3.28　多对多建模

在数据库中，多对多关系同样通过一个关联表保存映射关系。在数据操作的级联行为方面，只有对主数据的操作才会有级联行为，代码 3.29 为保存数据时的级联行为的演示。

```
// 同时保存Author和Book数据
new Author(name:"Stephen King")
        .addToBooks(new Book(title:"The Stand"))
        .addToBooks(new Book(title:"The Shining"))
        .save()

// 只有Book数据被保存，Author数据保存失败
new Book(name:"Groovy in Action")
        .addToAuthors(new Author(name:"Dierk Koenig"))
        .addToAuthors(new Author(name:"Guillaume Laforge"))
```

```
        .save()
```

代码 3.29 多对多模型的级联行为

5. 基本类型映射

在建模的关联关系中，除了可以映射模型之外，还支持映射一些基本类型，如代码 3.30 所示。

```
// file: grails-app/domain/Person.groovy
/**
 * Table person_nicknames
 * +------------------+--------------+------+
 * | Field            | Type         | Null |
 * +------------------+--------------+------+
 * | person_id        | bigint(20)   | NO   |
 * | nicknames_string | varchar(255) | YES  |
 * +------------------+--------------+------+
 */
class Person {
   static hasMany = [nicknames: String]
}
```

代码 3.30 基本类型映射

通过代码 3.30 所示的建模方式，我们将在数据库中生成 person 和 person_nicknames 表，在注释中我们也给出了 person_nicknames 表的结构。当然我们也可以通过映射修改 person_nicknames 表的映射方式，如代码 3.31 所示。

```
// file: grails-app/domain/Person.groovy
class Person {
    static hasMany = [nicknames: String]
    static mapping = {
       nicknames joinTable: [name: 'user_nicknames',
                             key: 'person_id',
                             column: 'nickname',
                             type: "text"]
    }
}
```

代码 3.31 基本类型映射配置

通过 joinTable 参数，我们修改了 nicknames 属性的映射方式，此时数据库中生成的关联表如下。

```
Table: user_nicknames
+-----------+-------------+------+
| Field     | Type        | Null |
+-----------+-------------+------+
| person_id | bigint(20)  | NO   |
| nickname  | varchar(255) | YES  |
+-----------+-------------+------+
```

3.4.2　组合关系

GORM 支持组合关系的建模方式，如代码 3.32 所示。在组合关系中，需要使用 embedded 来指明哪些字段将用于组合关系建模。

```
// file: grails-app/domain/Person.groovy
class Person {
    Address homeAddress
    Address workAddress
    static embedded = ['homeAddress', 'workAddress']
}

class Address {
    String number
    String code
}
```

代码 3.32　组合关系建模

使用代码 3.32 所示的建模方式生成的 person 表如下。

```
Table: person
+---------------------+-------------+------+
| Field               | Type        | Null |
+---------------------+-------------+------+
| id                  | bigint(20)  | NO   |
| version             | bigint(20)  | NO   |
| work_address_code   | varchar(255) | NO   |
| work_address_number | varchar(255) | NO   |
| home_address_code   | varchar(255) | NO   |
```

```
| home_address_number | varchar(255) | NO   |
+--------------------+-------------+------+
```

可以看到 Address 类的字段嵌入 person 表。

另外需要说明的是，Address 类的定义可以作为单独文件放在 grails-app/domain 目录下，或者如代码 3.32 所示放在 Person 模型定义的下面，但这两种方式都将在数据库中生成 address 表，但该表并不会被 GORM 操作。这种情况下较好的实现方式是将 Address 类的定义放在 src/groovy 目录下，此时将不会在数据库中生成无用的 address 表。

3.4.3 继承关系

GORM 建模中支持从一个抽象基类或实体类中进行继承，如代码 3.33 所示。

```
// file: grails-app/domain/Content.groovy
class Content {
    String author
}

// file: grails-app/domain/Content.groovy
class BlogEntry extends Content {
    URL url
}
```

代码 3.33 继承关系建模

通过代码 3.33 所示建模方式，我们将得到以下数据表。

```
Table: content
+---------+-------------+------+
| Field   | Type        | Null |
+---------+-------------+------+
| id      | bigint(20)  | NO   |
| version | bigint(20)  | NO   |
| author  | varchar(255) | NO   |
| class   | varchar(255) | NO   |
| url     | varchar(255) | YES  |
+---------+-------------+------+
```

可以看到只有基类 content 映射为数据库中的表，子类的属性将被映射为基类生成的数据表的字段，其中 class 用于指明保存的数据来源于哪个模型。我们通过代码 3.34 演示继承关系中的数据保存。

```
Content content = new Content()
content.author = 'unknown'
content.save()

BlogEntry blogEntry = new BlogEntry()
blogEntry.author = 'xxx'
blogEntry.url = new URL("http://www.xxx.com")
blogEntry.save()
```

代码 3.34　继承关系数据保存

以上操作将在数据表 content 中生成两条数据，如下。

```
mysql> select * from content;
+----+---------+-----------+------------+----------------------+
| id | version | author    | class      | url                  |
+----+---------+-----------+------------+----------------------+
|  1 |       0 | unknown   | Content    | NULL                 |
|  2 |       0 | xxx       | BlogEntry  | http://www.xxx.com |
+----+---------+-----------+------------+----------------------+
```

3.4.4　容器类型

1. 集合类型

默认情况下，hasMany 定义的关联关系在使用时将作为集合类型 java.util.Set，如代码 3.35 所示，java.util.Set 是一个保证数据唯一性但无序的容器类型。

```
// file: grails-app/domain/Author.groovy
class Author {
    static hasMany = [books: Book]
}
```

代码 3.35　默认集合类型

通过代码 3.35 建立的模型，books 属性在使用中将作为集合类型 java.util.Set。若需要在引用 books 属性时数据是排序的，可将 books 属性的类型定义为 java.util.SortedSet，如代码 3.36 所示。在这种情况下，Book 类也必须实现 java.lang.Comparable 接口，定义排序的规则。

```
// file: grails-app/domain/Author.groovy
```

```
class Author {
    SortedSet books
    static hasMany = [books: Book]
}

// file: grails-app/domain/Book.groovy
class Book implements Comparable {
    String title
    Date releaseDate = new Date()

    int compareTo(obj) {
        releaseDate.compareTo(obj.releaseDate)
    }
}
```

代码 3.36　对集合类型排序

通过代码 3.36 的建模，我们在引用 books 属性时数据将按 releaseDate 进行升序排序。

2. 列表类型

为了在引用数据时可以得到数据添加时的顺序，我们可以将属性定义为列表类型 java.util.List，如代码 3.37 所示。

```
// file: grails-app/domain/Author.groovy
class Author {
    List books
    static hasMany = [books: Book]
}
```

代码 3.37　列表类型建模

在这种情况下，books 列表的索引将从 0 开始，可通过 author.books[0] 获取索引为 0 的数据。列表索引通过在数据库中生成 books_idx 字段来维护索引。需要注意，从列表中删除数据将导致数据库中的列表索引列全部被更新，由此可能带来性能问题。

3. 键值对类型

我们也可以将模型属性定义为键值对（Map）类型，键值对的“键”必须为字符串，而“值”可以为字符串或自定义类型，如代码 3.38 所示。

```
// file: grails-app/domain/Book.groovy
class Book {
```

```
    Map authors
    static hasMany = [authors: Author]
}

// file: grails-app/controllers/BookController.groovy
def a = new Author(name:"Stephen King")
def book = new Book()
book.authors = [stephen:a]
book.save()
```

代码 3.38 键值对类型建模

3.4.5 建模辅助

在前期的数据建模中，为快速确认建模后的数据表结构，可以使用 grails schema-export 命令，该命令可以导出 build/ddl.sql 文件，该文件包含了建模后的数据库建表语句，我们可以通过建表语句来分析建立的模型是否符合实际要求。

例如，代码 3.39 所示的模型。

```
// file: grails-app/domain/Author.groovy
class Author {
    static hasOne = [book: Book]
}

// file: grails-app/domain/Book.groovy
class Book {
    Author author
    static constraints = {
        author unique: true
    }
}
```

代码 3.39 数据模型

通过 grails schema-export 命令导出，我们可以得到代码 3.40 所示的 SQL 语句。

```
create table author
(
    id      bigint not null auto_increment,
    version bigint not null,
    primary key (id)
```

```
) ENGINE = InnoDB;
create table book
(
    id          bigint not null auto_increment,
    version     bigint not null,
    author_id bigint not null,
    primary key (id)
) ENGINE = InnoDB;
alter table book
    add constraint UK_4sac2ubmnqva85r8bk8fxdvbf unique (author_id);
alter table book
    add constraint FKklnrv3weler2ftkweewlky958 foreign key (author_id)
        references author (id);
```

代码 3.40　导出后的建模语句

3.5　持　久　化

GORM 通过底层的 Hibernate 完成数据的持久化，而 GORM 只做上层逻辑的处理。在 session 方面，Grails 框架会自动为每次请求绑定一个 Hibernate session，因此我们可以在不用显式声明 session 的情况下使用 save() 方法和 delete() 方法。

3.5.1　事务的延迟写

相较于直接调用 Java 数据库连接（Java Database Connectivity，JDBC）或其他数据访问框架，Hibernate 有一个很好的特性，即在调用 save() 方法或 delete() 方法时并不会立即产生在数据库层面的 SQL 提交。Hibernate 会通过批处理的方式尽可能晚地执行这些 SQL 语句，通常是在请求结束时通过刷新缓存（session flush）或关闭 session 来触发 SQL 语句的执行，或者也可以手动触发 flush，这种技术叫作延迟写（Write-Behind）技术。Hibernate 的这个特性有助于提高系统的负载能力，因为大量的 SQL 并发事务将导致数据库性能下降，响应时间变长，而通过 Write-Behind 技术将使并发量大大减少。当然，手动控制 Write-Behind 是比较繁琐的，而 Grails 框架将自动为我们处理这些问题，我们只需要关注数据的业务逻辑。

Hibernate 会自动缓存对数据的变更，当 flush 被触发时，Hibernate 缓存的数据才会与数据库进行同步。对于 flush 的触发，我们可以通过配置 grails.gorm.flushMode 来修改它的默认行为或者手动触发 flush。通常情况下，当进行数据查询时 flush 会自动执行，避免缓存数据出错。但当进行无冲突的保存、更新和删除数据时，数据变更将被缓存起来，直到 flush 触发时缓存的数据才进行同步。

注意，当 flush 发生在事务的上下文中时，flush 并不会直接导致 SQL 语句的执行，只会将缓存中的变更发送到数据库的事务队列中，当事务提交时 SQL 才真正执行。如果 flush 不发生在事务的上下文中，则会直接触发数据库的 SQL 执行。

3.5.2 数据保存

一个简单的数据保存的例子如代码 3.41 所示。

```
def p = Person.get(1)
p.save()
```

代码 3.41 数据保存

当调用 save() 方法时，数据将被缓存到 Hibernate 的缓存中，只有在下次触发 flush 时数据才会同步到数据库[①]。如果你想手动控制何时触发 flush，可以在数据保存时手动进行指定，如代码 3.42 所示。

```
def p = Person.get(1)
p.save(flush: true)
```

代码 3.42 flush 行为控制

当然你也可以通过配置 grails.gorm.flushMode 设置全局的 flush 行为，不过在无特殊需求的情况下通常不建议修改该配置。

我们在手动触发 flush 时将导致之前所有缓存被同步到数据库，因此在此处可以进行异常的捕获，这在高并发场景引用乐观锁时非常有用[②]，如代码 3.43 所示。

```
def p = Person.get(1)
try {
    p.save(flush: true)
} catch (org.springframework.dao.DataIntegrityViolationException)
     {
    // deal with exception
}
```

代码 3.43 数据保存

① 如上文所述，若 save 发生在事务中，只有事务提交时数据才真正被保存，在本节中若非明确指出使用事务，默认基于无事务情况处理

② 将在 3.5.6 节中介绍

另一个需要注意的问题是，每次进行数据保存时都将进行数据的约束性验证（validation）。默认情况下，当验证失败时数据将不会持久化到数据库，并且不会抛出异常，仅在使用 save() 方法时返回 null 。因此好的实践方式是在保存数据时添加 failOnError 来抛出验证失败的异常，并捕获抛出的 ValidationException，如代码 3.44 所示。

```
def p = Person.get(1)
try {
    p.save(failOnError: true)
} catch (ValidationException) {
    // deal with exception
}
```

代码 3.44　捕获数据验证异常

除了在每次保存时添加 failOnError，我们还可以在配置文件中进行全局配置，如 grails.gorm.failOnError = true。在实际情况中这个配置非常有用，因为在数据验证时抛出异常是非常普遍的，如果不捕获这些异常，将对系统用户产生较大影响。

3.5.3　数据删除

一个简单的数据删除的例子如代码 3.45 所示。

```
def p = Person.get(1)
p.delete()
```

代码 3.45　数据删除

与保存数据相同，删除数据不会立即触发数据库执行，我们依然可以使用 p.delete(flush: true) 来手动触发 flush。在异常方面，数据删除不会出现 ValidationException，但对于其他数据一致性层面的异常依然需要手动处理。

对于批量数据删除的场景，我们可以使用 where 查询语句或 Hibernate 查询语言（Hibernate Query Language，HQL）语句，如代码 3.46 所示。

```
// where查询删除
Person.where {
        name == "Fred"
}.deleteAll()

// HQL批量删除
```

```
Person.executeUpdate("delete Person p where p.name = :oldName",
                     [oldName: "Fred"])
```

代码 3.46 数据批量删除

3.5.4 级联删除与更新

在使用 GORM 的过程中，理解数据的级联行为是非常关键的。通常我们使用 belongsTo 来定义级联行为，在 belongsTo 定义的主从关系中，对主数据的变更将会引发级联行为。无论是一对一、一对多或者多对多的建模，belongsTo 都会产生级联行为。

通常如果没有 belongsTo 的定义，将不会产生级联行为，一个例外是在 hasMany 或 hasOne 的定义下，即使无 belongsTo 的定义也会产生级联行为，但该级联行为仅作用在保存操作中。

假设我们有代码 3.47 所示模型。

```
// file: grails-app/domain/Airport.groovy
class Airport {
    String name
    static hasMany = [flights: Flight]
}

// file: grails-app/domain/Flight.groovy
class Flight {
    String number
    static belongsTo = [airport: Airport]
}
```

代码 3.47 批量删除的预设模型

我们通过代码 3.48 所示方式对数据进行删除和保存。

```
// save
new Airport(name: "Gatwick")
        .addToFlights(new Flight(number: "BA3430"))
        .addToFlights(new Flight(number: "EZ0938"))
        .save()

// delete
def airport = Airport.findByName("Gatwick")
```

```
airport.delete()
```

代码 3.48　级联删除和保存

我们在保存 Airport 数据时添加几条 Flight 数据，此时对 Airport 数据的保存将使得 Flight 数据也被级联保存。同样在删除时，对 Airport 数据的删除将引发关联的 Flight 数据的级联删除。

代码 3.48 的级联行为被称为传播持久化，它通过 belongsTo 和级联策略来控制。如果代码 3.48 中不存在 belongsTo 定义，那么将不存在删除的级联行为。

1. 无 belongsTo 的多对一模型

假设我们建立的模型如代码 3.49 所示。

```
// file: grails-app/domain/Location.groovy
class Location {
    String city
}

// file: grails-app/domain/Author.groovy
class Author {
    String name
    Location location
}
```

代码 3.49　无 belongsTo 定义的多对一模型

在该模型的基础上我们进行保存操作，如代码 3.50 所示。

```
// ①抛出异常
def author = new Author(name: "Niall Ferguson", location: new
   Location(city: "Boston"))
author.save()

// ②保存成功
def location = new Location(city: "Boston")
location.save()
def author=new Author(name:"Niall Ferguson", location: location)
author.save()
```

代码 3.50　无 belongsTo 定义的多对一模型的数据保存

在代码 3.50 的第①种保存方式中，我们将 Author 的 location 字段设为新建的 Location 实例，此时调用 save() 方法，系统将抛出异常。该异常的信息为 not-null property references a null or transient value: Author.location，这是由于在已有模型的基础上，新建的 Location 实例是一个临时实例（transient instance），而不是从数据库中获取到的实例，它不会被添加到 Hibernate session 中，因此导致数据保存出错。

代码 3.50 的第②种保存方式是正确的，需要分别保存 Location 数据和 Author 数据，并且 Location 数据需要先保存。

因此，当实际情况中需要数据的级联行为时，好的做法是在从属数据中定义 belongsTo。在某些情况下可能默认的级联行为不是我们所需要的，所以 GORM 也提供了修改默认级联行为的方法，如代码 3.51 所示。

```
// file: grails-app/domain/Location.groovy
class Location {
    String city
    static belongsTo = [author:Author]
}

// file: grails-app/domain/Author.groovy
class Author {
    String name
    Location location
    static mapping = {
        location cascade:'save-update'
    }
}
```

代码 3.51 修改默认级联行为

在代码 3.51 中，我们将从属数据 Location 的级联策略定义为 save-update[①]，也就是只在创建和更新数据时具备级联行为，在删除数据时则不具备级联行为。

2. 基于 belongsTo 的双向一对多模型

假设我们有代码 3.52 所示的模型。

```
// file: grails-app/domain/A.groovy
class A { static hasMany = [bees: B] }

// file: grails-app/domain/B.groovy
```

① 默认的级联策略为 all，其他的级联策略读者可自行查询文档进行实验

```
class B { static belongsTo = [a: A] }
```

代码 3.52 双向一对多建模

在这种情况下，A 数据的级联策略为 all，B 数据则没有级联行为。也就是当对 A 数据进行修改时，B 数据也会进行同步修改。同时当对 A 数据进行删除操作时，相关联的 B 数据也被同步删除。

3. 单向一对多模型

假设我们有代码 3.53 所示的模型。在这种情况下，数据的级联策略为 save-update，也就是只在创建和更新数据时触发级联行为。

```
// file: grails-app/domain/A.groovy
class A { static hasMany = [bees: B] }

// file: grails-app/domain/B.groovy
class B { }
```

代码 3.53 单向一对多建模

4. 无 belongsTo 的双向一对多模型

假设我们有代码 3.54 所示的模型。这种情况与单向一对多建模相同，默认的级联策略为 save-update，而从属数据无级联行为。

```
// file: grails-app/domain/A.groovy
class A { static hasMany = [bees: B] }

// file: grails-app/domain/B.groovy
class B { A a }
```

代码 3.54 无 belongsTo 的双向一对多建模

前文我们提到，我们可以手动修改数据的级联策略，另一方面我们还可以通过将级联策略设置为 none 来禁止级联行为，如代码 3.55 所示。

```
// file: grails-app/domain/A.groovy
class A {
    static hasMany = [bees: B]
    static mapping = {
        bees cascade:"none"
    }
```

```
}
// file: grails-app/domain/B.groovy
class B { }
```

代码 3.55 禁止级联行为

3.5.5 即时加载与延迟加载

在前文中我们介绍过关联数据的默认抓取策略为延迟加载（lazy），此处再详细介绍 lazy 抓取策略。假设建立的模型如代码 3.56 所示。

```
// file: grails-app/domain/Airport.groovy
class Airport {
    String name
    static hasMany = [flights: Flight]
}

// file: grails-app/domain/Flight.groovy
class Flight {
    String number
    Location destination
    static belongsTo = [airport: Airport]
}

// file: grails-app/domain/Location.groovy
class Location {
    String city
    String country
}
```

代码 3.56 lazy 抓取策略演示建模

在以上模型的基础上，我们有以下数据。

```
mysql> select * from airport;
+----+---------+------+
| id | version | name |
+----+---------+------+
|  1 |       0 | bcia |
+----+---------+------+
1 row in set (0.00 sec)
```

```
mysql> select * from flight;
+----+---------+--------+----------------+------------+
| id | version | number | destination_id | airport_id |
+----+---------+--------+----------------+------------+
|  1 |       0 | 001    |              1 |          1 |
|  2 |       0 | 002    |              2 |          1 |
+----+---------+--------+----------------+------------+
2 rows in set (0.00 sec)

mysql> select * from location;
+----+---------+----------+---------+
| id | version | city     | country |
+----+---------+----------+---------+
|  1 |       0 | Beijing  | China   |
|  2 |       0 | Shanghai | China   |
+----+---------+----------+---------+
2 rows in set (0.00 sec)
```

为解释 lazy 抓取策略，我们开启 Hibernate 的 SQL 日志①，我们进行代码 3.57 所示的操作。

```
def airport = Airport.findByName("bcia")
println 'access Flight data...'
println ''
for (flight in airport.flights) {
    println ''
    println 'access Location data...'
    println flight.destination.city
}
```

代码 3.57　lazy 抓取策略演示

通过对代码 3.57 中查询语句的执行，我们得到以下日志。

```
// ①
Hibernate: select this_.id as id1_0_0_, this_.version as version2_0_0_,
  this_.name as name3_0_0_ from airport this_ where this_.name=? limit ?

access Flight data...
```

① 在 application.groovy 文件中添加 dataSource.logSql=true

```
// ②
Hibernate: select flights0_.airport_id as airport_5_1_0_, flights0_.id as
  id1_1_0_, flights0_.id as id1_1_1_, flights0_.version as version2_1_1_,
  flights0_.number as number3_1_1_, flights0_.destination_id as destinat
  4_1_1_, flights0_.airport_id as airport_5_1_1_ from flight flights0_
  where flights0_.airport_id=?

access Location data...
// ③
Hibernate: select location0_.id as id1_4_0_, location0_.version as version
  2_4_0_, location0_.city as city3_4_0_, location0_.country as country
  4_4_0_ from location location0_ where location0_.id=?
shanghai

access Location data...
// ④
Hibernate: select location0_.id as id1_4_0_, location0_.version as version
  2_4_0_, location0_.city as city3_4_0_, location0_.country as country
  4_4_0_ from location location0_ where location0_.id=?
beijing
```

从上述日志可以看出，通过 Airport.findByName("bcia") 查询语句仅生成了 Airport 数据的 SQL 语句，并没有访问关联的 Flight 和 Location 数据。在执行 flight in airport.flights 时，需要获取每个 Flight 的数据，此时生成了查询 Flight 数据的 SQL 语句，在日志中为标号②处，但此时仍然没有进行 Location 数据的访问。在执行 flight.destination.city 语句时，生成了查询 Location 数据的 SQL 语句，在日志中为标号③ 和④ 处。

通过上述介绍我们可以看到，对一条 Airport 数据的使用将引发后续多个 SQL 查询，当关联数据很多时，可能造成较大的系统延迟。这也就是 $N+1$ 问题。

1. 配置即时加载

解决 $N+1$ 问题的一种方法是将数据抓取策略设置为即时加载（eager fetch），可以按照代码 3.58 对数据抓取策略进行设置。

```
// file: grails-app/domain/Airport.groovy
class Airport {
    String name
    static hasMany = [flights: Flight]
    static mapping = {
        flights lazy: false
```

```
        }
    }
```

代码 3.58　修改数据抓取策略为即时加载

在这种情况下，当执行 Airport.findByName("bcia") 时，会同时生成 Airport 数据和 Flight 数据的 SQL 语句并执行 SQL 语句。

除此之外，我们还可以将 lazy: false 替换为 fetch: 'join'，在这种情况下，GORM 将通过 join 连接只生成一条 SQL 语句，用于查询 Airport 数据和 Flight 数据。通过 join 连接生成的 SQL 语句如下。

```
Hibernate: select this_.id as id1_0_1_, this_.version as version2_0_1_,
  this_.name as name3_0_1_, flights2_.airport_id as airport_5_1_3_,
  flights2_.id as id1_1_3_, flights2_.id as id1_1_0_, flights2_.
  version as version2_1_0_, flights2_.number as number3_1_0_,
  flights2_.destination_id as destinat4_1_0_, flights2_.airport_id as
  airport_5_1_0_ from airport this_ left outer join flight flights2_
  on this_.id=flights2_.airport_id where this_.name=?
```

一般情况下，在单向关联中建议使用 fetch: 'join'，在一对多关系中建议使用 lazy: false。因为在一对多关系中，如果在查询时增加数量限制，返回的结果可能比实际要少，这是由于生成的查询语句中使用了 left outer join。

另外需要注意的是，在配置加载方式时需要知道在哪些情况下适合使用即时加载策略，因为使用即时加载将导致内存中缓存大量的数据。

2. 在查询语句中指定抓取策略

相较于修改配置，在查询语句中指定关联数据的抓取策略或许是更好的实践方式，因为这样可以更灵活地针对每次数据的使用需求做修改。在 GORM 提供的大多数查询方法中都可以指定 fetch 参数，指定方式如代码 3.59 所示。

```
Author.list(fetch: [location: 'join']).each { row ->
    println row.location.city
}

Author.findAllByNameLike("John%", [ sort: 'name', order: 'asc',
    fetch: [location: 'join'] ]).each { row->
    ...
}

// 在where 查询语句中使用join
Author.where {
```

```
        name == "Stephen King"
    }.join('location').list()
```

代码 3.59　在查询语句中指定抓取策略

3. 批量加载

虽然即时加载可以解决一些问题，但它并不适用于所有的情况，当你把所有的关联数据加载模式都配置成即时加载，将导致整个数据都加载到内存，进而影响系统的整体性能。因此，我们可以使用批量加载来对这个问题进行折中处理，如代码 3.60 所示。

```
class Airport {
    String name
    static hasMany = [flights: Flight]
    static mapping = {
        flights batchSize: 10
    }
}
```

代码 3.60　批量加载

在代码 3.60 中，我们使用 batchSize 将 Flight 数据的加载方式设置为批量加载，并且每次加载的数量为 10。也就是说假设我们有一个 Airport 数据关联了 30 条 Flight 数据，当查询 Flight 数据时将会生成 3 条 SQL 查询语句分批进行查询，这样可以减少内存中缓存的数据量，也避免了生成过多的 SQL 语句。

3.5.6　乐观锁与悲观锁

GORM 有乐观锁与悲观锁的概念，通过乐观锁或悲观锁可以有效避免数据被交叉修改，造成数据不一致、数据错误等情况。

1. 乐观锁

乐观锁是 GORM 默认的锁级别，乐观锁通过 Hibernate 的特性实现，它基于模型生成的数据表中的 version 字段，每次进行数据更新时该字段都会累加，因此在数据更新时可以通过比较该字段来确认数据是否在处理过程中被修改。当然 version 字段的比较是 Hibernate 自动完成的，当 version 值前后不一致时更新操作将会抛出 StaleObjectStateException 异常，如果更新操作发生在一个事务中，也会造成事务回滚。

乐观锁可以在不影响数据读取的情况下一定程度上保证数据的原子性，并降低了悲观锁带来的性能损耗。但是在高并发写操作时，我们需要注意如何处理抛出的异常，这里必须刷新当前 session[1]。代码 3.61 演示了如何捕获乐观锁抛出的异常。

① version 属性只有在 session 被刷新之后才会更新

```
def airport = Airport.get(10)

try {
    airport.name = "Heathrow"
    airport.save(flush: true)
}
catch (org.springframework.dao.OptimisticLockingFailureException)
    {
    // deal with exception
}
```

代码 3.61 捕获乐观锁抛出的异常

2. 悲观锁

悲观锁相比于乐观锁更加严格，在获取一条数据的悲观锁后，该条数据将在数据库中被锁定，在释放锁之前其他线程无法进行读取或修改数据，如代码 3.62 所示。

```
def airport = Airport.get(10)
// ①
airport.lock()
airport.name = "Heathrow"
airport.save()
```

代码 3.62 悲观锁获取

在代码 3.62 中，我们通过 lock() 方法获取了数据的悲观锁，在这之后其他对 id 为 10 的 Airport 数据的读取、更新等操作都被阻塞。当然，这里的问题是在标号为① 处，也就是在 get() 方法以后和 lock() 方法之前，其他线程仍然可以获取该数据，这里就造成了并发问题。因此，获取悲观锁较好的实践方式如代码 3.63 所示。

```
def airport = Airport.lock(10)
airport.name = "Heathrow"
airport.save()
```

代码 3.63 获取悲观锁较好的实践方式

通过代码 3.63 的方式获取悲观锁将不会导致并发情况下锁的获取问题。除此之外，我们在其他数据查询方式中也可以获取数据的悲观锁，如代码 3.64 所示。

```
// 动态查询器
```

```
    def airport = Airport.findByName("Heathrow", [lock: true])

    // criteria
    def airport = Airport.createCriteria().get {
        eq('name', 'Heathrow')
        lock true
    }
```

代码 3.64　在其他查询方式中获取悲观锁

3.5.7　修改检查

在操作模型实例的过程中，如果我们已经更改了其中的数值，就无法再次检索原始值。例如我们使用 get() 方法查询数据，Hibernate 会加载当前 session 中缓存的最新值，此时如果我们在 session 中使用另一个查询加载数据，则会刷新当前的缓存，造成最新值的丢失。因此，GORM 提供了一些方法来检索缓存实例的原始值。

（1）**isDirty() 方法**

可以使用 isDirty() 方法检查当前实例中是否有属性的值被更改。该方法会对所有除集合关联外的属性进行级联检查，使用方式如代码 3.65 所示。

```
def airport = Airport.get(10)
assert !airport.isDirty()

airport.properties = params
if (airport.isDirty()) {
    // ......
}
```

代码 3.65　检查实例的数值是否被改变

（2）**getDirtyPropertyNames() 方法**

该方法可以得到当前实例中被修改的属性集合，而没有被修改的属性集合为空，代码 3.66 为使用示例。

```
def airport = Airport.get(10)
assert !airport.isDirty()

airport.properties = params
def modifiedFieldNames = airport.getDirtyPropertyNames()
for (fieldName in modifiedFieldNames) {
```

```
    // do something based on changed value
}
```

代码 3.66 获取被修改属性集合

（3）**getPersistentValue() 方法**

通过该方法可以得到属性被修改之前的值，如代码 3.67 所示。

```
def airport = Airport.get(10)
assert !airport.isDirty()

airport.properties = params
def modifiedFieldNames = airport.getDirtyPropertyNames()
for (fieldName in modifiedFieldNames) {
    def currentValue = airport."$fieldName"
    def originalValue = airport.getPersistentValue(fieldName)
    if (currentValue != originalValue) {
        // do something based on changed value
    }
}
```

代码 3.67 获取属性被修改之前的值

3.6 GORM 查询

GORM 提供了多种强大的查询方式，你可根据自己的习惯和实际的查询需求从中选择一种查询方式使用。以下是 GORM 提供的 4 种查询方式。

① 动态查询器。

② Where 查询。

③ 标准条件查询（Criteria）。

④ Hibernate 查询语言（HQL）。

3.6.1 list() 方法和 get() 方法

在详细介绍各种查询方式之前，我们先介绍两个方便的数据查询方法：list() 方法和 get() 方法。其中 list() 方法主要用于批量数据的查询，在查询时可以设置排序、偏移量等参数；get() 方法可根据 id 获取指定数据。

list() 方法使用演示如代码 3.68 所示。

```
def books = Book.list()
def booksWithPaging = Book.list(offset:10, max:20)
def booksWithSort = Book.list(sort:"title", order:"asc")
```

代码 3.68　list() 方法

其中 list() 方法中可以使用的参数如表 3.2 所示。

表 3.2　list() 方法参数

参数名称	描述
max	list() 方法返回数据条数的最大值
offset	list() 方法查询数据时的偏移量，可与 max 结合完成分页查询
order	排序的方式，可选 desc 或 asc
sort	排序的字段
ignoreCase	排序时是否忽略大小写，默认为 true
fetch	关联数据抓取的策略，该值为一个 Map，例如 fetch:[person: "eager"]
readOnly	返回的数据是否自动进行脏数据检查
fetchSize	批量获取数据时单次限定的数据量
flushMode	设置数据的 flush 策略，默认为 FlushMode.AUTO
timeout	查询的超时设置，单位为秒

get() 方法比较简单，只需将查询数据的 id 作为参数，同时 getAll() 作为 get() 方法的补充，可以同时获取多条指定的数据，如代码 3.69 所示。

```
def book = Book.get(23)
def books = Book.getAll(23, 93, 81)
```

代码 3.69　get() 和 getAll() 方法

3.6.2　动态查询

GORM 提供了功能强大的动态查询器，动态查询器的使用看起来像是静态方法的调用，但实际上这些方法在代码层面是不存在的，它是在运行时自动组合生成的方法。假设我们有代码 3.70 所示模型。

```
// file: grails-app/domain/Book.groovy
class Book {
    String title
    Date releaseDate
```

```
    Author author
}

// file: grails-app/domain/Author.groovy
class Author {
    String name
}
```

代码 3.70　存在关联关系的模型

在上述模型的基础上，我们对 Book 数据的查询可以通过 findBy*() 和 findAllBy*() 这些自动生成的动态查询器来完成，其用法如代码 3.71 所示。

```
def book = Book.findByTitle("The Stand")
book = Book.findByTitleLike("Harry Pot%")
book = Book.findByReleaseDateBetween(firstDate, secondDate)
def books = Book.findAuByReleaseDateGreaterThan(someDate)
books = Book.findAuByTitleLikeOrReleaseDateLessThan("%Something
    %", someDate)
```

代码 3.71　动态查询器使用演示

从代码 3.71 的使用演示中可以看出，动态查询器的方法是由模型属性、查询方式和连接关系组合而成的，一个动态查询器的基本语法如代码 3.72 所示。

```
Book.findBy(<<Property>><<Comparator>><<Boolean Operator>>)?<<
    Property>><<Comparator>>
```

代码 3.72　动态查询器的基本语法

在代码 3.72 所示基本语法构成中，Property 表示模型的一个属性，Comparator 表示查询方式，Boolean Operator 表示查询时不同属性的连接关系[①]，? 表示内容为可选，也就是可以查询单个属性，也可以组合多个属性。

其中可能的查询方式（Comparator）如表 3.3 所示。

需要注意表 3.3 中最后 3 项规定的参数，`Between` 需要给定两个参数，而 `IsNotNull` 和 `IsNull` 不需要给定参数，如代码 3.73 所示。

① 比如 And 、Or 等

表 3.3　查询方式

参数名称	说明
InList	属性值是否在给定的列表中
LessThan	属性值是否小于给定的值
LessThanEquals	属性值是否小于或等于给定的值
GreaterThan	属性值是否大于给定的值
GreaterThanEquals	属性值是否大于或等于给定的值
Like	相当于 SQL 中的 like 查询
Ilike	与 Like 类似，只是不区分大小写
NotEqual	属性值是否不等于给定的值
InRange	属性值是否在 Groovy Range 之间
Rlike	属性值是否能匹配给定的正则表达式，匹配失败将使用 Like 重新匹配
Between	属性值是否在两个给定的值之间，需要两个参数
IsNotNull	属性值是否不为 null ，不需要参数
IsNull	属性值是否为 null ，不需要参数

```
def now = new Date()
def lastWeek = now - 7
def book = Book.findByReleaseDateBetween(lastWeek , now)

books = Book.findAllByReleaseDateIsNull()
books = Book.findAllByReleaseDateIsNotNull()
```

代码 3.73　查询方法的参数

动态查询器不仅支持基本数据类型的查询，还支持关联数据的查询，如代码 3.74 所示。

```
def books = author ? Book.findAllByAuthor(author) : []
```

代码 3.74　关联数据的查询

在查询时，我们可能需要对数据进行基本的排序或分页，此处动态查询器的用法与 list() 方法类似，只需要在调用时传入相关的参数，使用方式如代码 3.75 所示。

```
def books = Book.findAllByTitleLike("Harry Pot%",
                [max: 3, offset: 2, sort: "title", order: "desc"])
```

代码 3.75　查询时对数据进行排序和分页

我们可以通过连接关系对代码 3.75 提到的查询条件进行组合，通常连接关系有 And 和 Or，And 表示必须同时满足两个关联条件，Or 表示可以只满足一个关联条件，如代码 3.76 所示。

```
def books = Book.findAllByTitleLikeAndReleaseDateGreaterThan(
                    "%Java%", new Date() - 30)
books = Book.findAllByTitleLikeOrReleaseDateGreaterThan(
                    "%Java%", new Date() - 30)
```

代码 3.76 关联条件

通过 And 和 Or 我们可以连接很多查询条件，但如果需要同时使用 And 和 Or 时，我们则无法通过动态查询器完成，这时需要使用其他 3 种查询方式。

3.6.3 Where 查询

相较于动态查询器，Where 查询是一种更加灵活、强大的查询方式。Where 查询可以灵活定制和组合各种查询条件，且在编码层面，查询条件的书写更加清晰简洁。Where 查询的基础是独立标准条件查询（Detached Criteria），并提供了编译时的查询语句检查功能。

where() 方法接收一个闭包作为参数，闭包中包含给定的查询条件，使用方式如代码 3.77 所示。

```
def query = Person.where {
    firstName == "Bart"
 }
 Person bart = query.find()
```

代码 3.77 Where 查询基础

where() 方法返回的是一个 DetachedCriteria 实例，因此它不会被关联到一个特定的数据库连接或会话中，也就是可以使用 where() 方法在类级别定义通用的查询方法，如代码 3.78 中的 simpsons。

```
import grails.gorm.*
class Person {
    // 定义查询方法
    static DetachedCriteria<Person> simpsons = where {
         lastName == "Simpson"
    }
}

// 使用定义的查询
Person.simpsons.each { Person p ->
```

```
    println p.firstname
}
```

代码 3.78 类级别查询方法

可以看到，我们定义的查询 simpsons 只有在真正访问数据的时候才会触发查询。如果你希望立即执行 Where 查询，可以使用 findAll() 和 find() 方法，如代码 3.79 所示。

```
 def results = Person.findAll {
     lastName == "Simpson"
}
def results = Person.findAll(sort:"firstName") {
     lastName == "Simpson"
}
Person p = Person.find { firstName == "Bart" }
```

代码 3.79 执行查询

在 Where 查询中，每个 Groovy 的逻辑运算符都可以映射到一个标准查询方法，两者对应关系如表 3.4 所示。因此我们可以通过 Groovy 的语法组合复杂的查询条件，使用方式如代码 3.80 所示。

表 3.4 Groovy 逻辑运算符与标准方法对应关系

逻辑运算符	标准方法	描述
==	eq	相等
!=	ne	不相等
>	gt	大于
<	lt	小于
>=	ge	大于等于
<=	le	小于等于
in	inList	在给定的列表中
==~	like	like 查询
=~	ilike	不区分大小写的 like 查询

```
def query = Person.where {
    (lastName != "Simpson" && firstName != "Fred") || (firstName
        == "Bart" && age > 9)
}
def results = query.list(sort:"firstName")

// 正则表达式匹配
def queryReg = Person.where {
```

```
    lastName ==~ 'Sim%'              // 映射为like查询
    firstName ==~ ~/B.+/             // 映射为rlike查询
}
// in 查询
def queryIn = Person.where {
    age in 18..65
}
// null 判断
def queryNull = Person.where {
    middleName == null
}
```

代码 3.80 使用查询条件示例

在代码 3.80 中，我们需要注意正则表达式的使用，当 ==~ 或 =~ 的查询条件是字符串时将分别映射为 like 和 ilike，但是当查询条件为正则表达式时这里将映射为 rlike [①]。

1. 组合 Where 查询

由于 where() 方法返回的是一个 DetachedCriteria 实例，因此我们可以对查询进行组合，代码 3.81 所示为组合的使用方式。

```
DetachedCriteria<Person> query = Person.where {
    lastName == "Simpson"
}
DetachedCriteria<Person> bartQuery = query.where {
    firstName == "Bart"
}
Person p = bartQuery.find()
```

代码 3.81 组合查询

另外需要注意的是，不要直接将一个闭包传递给 where() 方法，否则会出现错误。如果需要传递参数给 where() 方法，我们需要手动指定闭包为 DetachedCriteria 实例，如代码 3.82 所示。

```
import grails.gorm.DetachedCriteria

def callable = {
    lastName == "Simpson"
} as DetachedCriteria<Person>
```

① 这里需要底层的数据库支持 rlike 查询

```
def query = Person.where(callable)
```

代码 3.82 向 where() 方法传递参数

2. 属性比较

如果查询条件的逻辑运算符的左右两侧都是模型属性，查询将自动使用标准属性比较方法，如代码 3.83 中的 ==。

```
def query = Person.where {
    firstName == lastName
}
```

代码 3.83 属性比较

当进行属性比较时，逻辑运算符对应的标准查询方法如表 3.5 所示。

表 3.5 属性比较时 Groovy 逻辑运算符与标准方法对应关系

逻辑运算符	标准方法	描述
==	eq	相等
!=	ne	不相等
>	gt	大于
<	lt	小于
>=	ge	大于等于
<=	le	小于等于

3. 关联数据查询

where() 方法支持关联数据的查询，对于关联数据的属性可以使用“.”操作符进行访问，如代码 3.84 中的 owner.firstName。

```
// 模型
// class Pet {
//     String name
//     Person owner
// }
// class Person {
//     String firstName
//     String lastName
// }
// .操作符进行关联数据的访问
def query1 = Pet.where {
    owner.firstName == "Joe" || owner.firstName == "Fred"
```

```
}
// 对关联数据的属性进行条件组合
def query2 = Person.where {
    pets { name == "Jack" || name == "Joe" }
}

// 模型
// class Pet {
//      String name
// }
// class Person {
//      String firstName
//      String lastName
//      static hasMany = [pets: Pet]
// }
// 组合关联数据的查询条件和主数据的查询条件
def query3 = Person.where {
    pets { name == "Jack" } || firstName == "Ed"
}
// 当关联数据为集合时，可以使用集合的方法
def query4 = Person.where {
    pets.size() == 2
}
```

代码 3.84 关联数据查询

4. 排序和别名

当我们针对关联数据定义一个查询时，关联数据将被赋予一个合适的别名用于查询，如代码 3.85 所示。

```
def query1 = Pet.where {                              // ①
    owner.firstName == "Fred"
}.list()

def query2 = Pet.where {                              // ② error
    owner.firstName == "Fred"
}.list(sort:"owner.lastName")
```

代码 3.85 关联数据被赋予别名

如代码 3.85 所示，在标号为①处，其中的 owner 数据为关联数据，在上述查询中 owner 将被自动赋予别名 owner_alias_0。该别名在大多数情况下是可用的，但当我们需要对关联数据的属性进行排序或一些投影操作时，该别名将造成混淆。在标号为②处，我们将查询的数据按 owner.lastName 进行排序，由于被赋予的默认别名为 owner_alias_0，与定义的排序条件 owner 不一致，因此此处无法达到我们的预期效果。

为解决该问题，我们可以对关联数据定义别名，通过别名进行属性指定，如代码 3.86 所示。

```
def query = Pet.where {
    def o1 = owner
    o1.firstName == "Fred"
}.list(sort:'o1.lastName')
```

代码 3.86　定义关联数据别名

在代码 3.86 中，我们将关联数据 owner 定义为 o1，此后可以直接将 o1 作为关联数据的属性名，并且在进行映射操作时 o1 也不会被覆盖。

5. 子查询

在构建查询条件时，Where 查询允许使用一些简单的方法作为子查询，这也减小了我们构造查询条件时的复杂度，如代码 3.87 中的 avg()。

```
final query = Person.where {
    age > avg(age)
  }
```

代码 3.87　子查询

可用的子查询方法如表 3.6 所示。

表 3.6　子查询方法

子查询方法	描述
avg()	所有数据的平均值
sum()	所有数据的和
max()	所有数据中的最大值
min()	所有数据中的最小值
count()	所有数据中某一个值出现的次数
property()	获得特定属性值的所有结果

对于子查询方法，我们还可以通过 of() 方法传入一个闭包来添加子查询约束，如代码 3.88 所示。

```
def query = Person.where {
    age > avg(age).of { lastName == "Simpson" } && firstName ==
        "Homer"
}

// 通过property子查询获取某个查询条件下数据的特定属性值
Person.where {
    age < property(age).of { lastName == "Simpson" }
}
```

代码 3.88　子查询约束

6. 嵌套查询

Where 查询可以嵌套使用，嵌套的查询可以作用于同一个模型，也可以作用于不同模型，如代码 3.89 所示，Where 查询可以作用于 Person 模型，也可以同时作用于 Employee 和 Sale 两个模型。

```
def results = Person.where {
    firstName in where { age < 18 }.firstName
}.list()

def query = Employee.where {
    def em1 = Employee
    exists Sale.where {
        def s1 = Sale
        def em2 = employee
        return em2.id == em1.id
    }.id()
}
def results = query.list()
```

代码 3.89　嵌套查询

7. 属性方法

在构造查询条件时 GORM 提供了多种方便的方法，如表 3.7 所示，通过这些方法可以减小构造查询条件的复杂度[①]。

① 需要注意，这些方法只能应用于模型的属性，无法应用于子查询的结果

表 3.7　属性方法

方法名称	描述
second()	获取日期属性的秒
minute()	获取日期属性的分钟
hour()	获取日期属性的小时
day()	获取日期属性的天
month()	获取日期属性的月份
year()	获取日期属性的年份
lower()	将字符串属性全部转换为小写
upper()	将字符串属性全部转换为大写
length()	获取字符串属性的长度
trim()	去除字符串属性两端的空白字符

代码 3.90 为如何使用 year() 方法获取日期属性的年份的演示。

```
def query1 = Pet.where {
    year(birthDate) == 2011
}

def query2 = Person.where {
    year(pets.birthDate) == 2009
}
```

代码 3.90　属性方法使用

8. 批量删除和更新

由于 Where 查询返回的是 DetachedCriteria 实例，因此可以通过 Where 查询构造的查询条件完成批量删除和批量更新操作。这里需要注意的是，此处的 Where 查询语句中不能涉及对关联数据的查询，批量删除和更新的实现方式如代码 3.91 所示。

```
DetachedCriteria<Person> query1 = Person.where {
    lastName == 'Simpson'
}
int total1 = query1.updateAll(lastName:"Bloggs")

DetachedCriteria<Person> query2 = Person.where {
    lastName == 'Simpson'
}
int total2 = query2.deleteAll()
```

代码 3.91　Where 批量删除和更新

3.6.4 标准条件查询

标准条件查询（Criteria）是一种高级查询方式，通过 Groovy 的构造器可以构造复杂的查询语句，通常可以通过 createCriteria() 和 withCriteria(closure) 两种方法使用 Criteria。Criteria 的构造器使用了 Hibernate 的 API，构造器中的每个查询条件都可以映射到 Hibernate Criteria API 的 Restrictions 类的静态方法上，Criteria 的使用方式如代码 3.92 所示。

```
def c = Account.createCriteria()
def results = c {
    between("balance", 500, 1000)
    eq("branch", "London")
    or {
        like("holderFirstName", "Fred%")
        like("holderFirstName", "Barney%")
    }
    maxResults(10)
    order("holderLastName", "desc")
}
```

代码 3.92　Criteria 查询演示

代码 3.92 中的 Criteria 查询将从数据库中获取 10 条数据，以 List 返回，其中数据以 holderLastName 属性降序排序，其中查询条件还包含以下 3 点。

① 属性 balance 的值为 500~1000。

② 属性 branch 的值为 London。

③ 属性 holderFirstName 的值需要以 Fred 或 Barney 开始。

如果无法找到符合查询条件的数据，Criteria 将返回一个空的 List。

1. 连接词

默认情况下，Criteria 查询中所有的查询条件都通过隐含的 and 连接，如需要 or 连接，则可以使用 or{} 代码块，如代码 3.93 所示。

```
def c = Account.createCriteria()
def results = c {
    eq("holderFirstName", "Fred")
    or {
        between("balance", 500, 1000)
        eq("branch", "London")
    }
```

```
}
/*
 * 生成的查询语句等价于以下SQL语句
 * select * from account where holderFirstName='Fred' and (balance
     between 500 and 1000 or branch='London')
 */
```

代码 3.93 Criteria 查询

除 or 连接之外，我们还可以使用 and 和 not 连接，如代码 3.94 所示。

```
and {
    between("balance", 500, 1000)
    eq("branch", "London")
}

not {
    between("balance", 500, 1000)
    eq("branch", "London")
}
```

代码 3.94 and、not 连接

2. 关联数据查询

Criteria 同样可以完成对关联数据的查询，假设模型如代码 3.95 所示。

```
class Account {
    ...
    static hasMany = [transactions: Transaction]
}
```

代码 3.95 Account 模型

当我们需要查询关联数据 transactions 时，可以通过构造 transactions 的节点来实现，如代码 3.96 所示。

```
def c = Account.createCriteria()
def now = new Date()
def results = c.list {
    transactions {
```

```
            between('date', now - 10, now)
        }
    }
```

代码 3.96 关联查询

代码 3.96 表示将获取所有在 10 天之内拥有 transaction 数据的 Account 数据。除直接对关联数据做查询外，还可以通过关联条件组合关联查询，如代码 3.97 所示。

```
    def c = Account.createCriteria()
    def now = new Date()
    def results = c.list {
        or {
            between('created', now - 10, now)
            transactions {
                between('date', now - 10, now)
            }
        }
    }
```

代码 3.97 组合关联查询

代码 3.97 表示将获取所有在 10 天之内拥有 transaction 数据的 Account 数据和在 10 天内创建的 Account 数据。

3. 投影查询

投影查询可以帮助我们定制查询，构建复杂的查询语句，在查询闭包中添加 projections 节点，即可使用投影查询，可以使用的方法与 Hibernate Projections 相同，包括 alias()、avg()、count()、countDistinct()、max()、min() 等等，使用方式如代码 3.98 所示。

```
def c = Account.createCriteria()

def numberOfBranches = c.get {
    projections {
        // 使用投影查询
        countDistinct('branch')
    }
}
```

代码 3.98 投影查询

4. 投影结果转换

如果需要对默认的查询结果数据进行更改，可以使用 resultTransformer 对查询结果进行定制。比如，我们希望以 Map 的形式展示查询结果，则可以进行代码 3.99 所示设置。

```
def c = Account.createCriteria()

def accountsOverview = c.get {
    resultTransformer(CriteriaSpecification.ALIAS_TO_ENTITY_MAP)
    projections {
        // 为每个投影添加了一个别名，作为Map中的键名
        sum('balance', 'allBalances')
        countDistinct('holderLastName', 'lastNames')
    }
}
// 以Map形式得到结果:
// accountsOverview.allBalances
// accountsOverview.lastNames
```

代码 3.99 为投影查询设置别名

我们也可以使用 Transformers.aliasToBean() 方法，将查询结果映射到类对象，如代码 3.100 所示。

```
// 定义类
class AccountsOverview {
    Number allBalances
    Number lastNames
}

// 将查询结果映射到类对象
def c = Account.createCriteria()
def accountsOverview = c.get {
    resultTransformer(Transformers.aliasToBean(AccountsOverview))
    projections {
        sum('balance', 'allBalances')
        countDistinct('holderLastName', 'lastNames')
    }
}
```

```
// accountsOverview instanceof AccountsOverview
```

代码 3.100　定制投影查询结果

映射到对象时，每个投影的别名都必须在被映射的对象中存在相对应的属性或者实现对应的 setter() 方法。

5. SQL 投影

Criteria 模型语言提供了使用 SQL 投影的接口，使用方式如代码 3.101 所示。

```
//Domain file: Box is a domain class...
class Box {
    int width
    int height
}

// Use SQL projections to retrieve the perimeter and area of all of
   the Box instances...
def c = Box.createCriteria()

def results = c.list {
    projections {
      sqlProjection '(2 * (width + height)) as perimeter, (width *
         height) as area', ['perimeter', 'area'], [INTEGER, INTEGER]
    }
}
```

代码 3.101　SQL 投影查询

在 SQL 投影 API 中，第 1 个参数为传入 sqlProjection 的 SQL 语句，第 2 个参数为需要查询的属性以及别名，第 3 个参数为每个属性对应的数据类型，该数据类型支持所有 org.hibernate.type.Type 类型。

同时领域特定语言 (DSL) 支持分组操作，对应的方法为 sqlGroupProjection()，该方法的使用方式如代码 3.102 所示。

```
def results = c.list {
    projections {
        sqlGroupProjection 'width, sum(height) as combinedHeights
           ForThisWidth', 'width', ['width', '
```

```
            combinedHeightsForThisWidth'], [INTEGER, INTEGER]
    }
}
```

代码 3.102 SQL 投影分组查询

在分组操作中，第 1 个参数为定义投影的 SQL 语句，第 2 个参数为分组依据的属性，第 3 个参数和第 4 个参数为需要筛选的属性集合和对应的数据类型。

6. SQL 约束

投影中可以使用 Hibernate 的 SQL 约束功能，如代码 3.103 所示。

```
def c = Person.createCriteria()

def peopleWithShortFirstNames = c.list {
    sqlRestriction "char_length(first_name) <= 4"
}
```

代码 3.103 在投影中使用 SQL 约束功能

也可以对 sqlRestriction 中的 SQL 约束进行参数化，以避免约束参数传入时导致 SQL 注入漏洞，参数化使用形式如代码 3.104 所示。与 HQL 不同，这里 SQL 中字段名称为数据库字段名称，而不是 Domain 中的字段名称，如 Person 类中字段为 firstName，而在数据库中该字段会被转换为 first_name，我们在 sqlRestriction 中需要使用 first_name。

```
def c = Person.createCriteria()

def peopleWithShortFirstNames = c.list {
    sqlRestriction "char_length(first_name) < ? AND char_length(
        first_name) > ?", [maxValue, minValue]
}
```

代码 3.104 参数化约束

3.6.5 HQL 查询

GORM 也支持 Hibernate 查询语言（Hibernate Query Language，HQL），HQL 和 Java 持久化查询语言（Java Persistence Query Language，JPQL）类似，都是对象模型查询语言，本质上与 SQL 语句相同。GORM 提供了很多能够与 HQL 共同使用的方法，比如 find() 方法、findAll() 方法以及 executeQuery() 方法。

1. 命名参数

在编写 HQL 语句时，我们可以将需要传入的查询条件进行参数化，避免 SQL 注入漏洞，参数化形式如代码 3.105 所示。

```
def results = Book.findAll("from Book as b where b.title like :search
    or b.author like :search", [search: "The Shi%"])
// 以实例作为参数传入
def author = Author.findByName("Stephen King")
def books = Book.findAll("from Book as book where book.author = :
    author", [author: author])
```

代码 3.105 HQL 查询

2. 多行语句

对于较长的 HQL 语句，可以使用多行文本。与 Groovy 中多行字符串形式相同，较长的 HQL 使用 3 个引号将语句引起来，如代码 3.106 所示。

```
def results = Book.findAll("""
from Book as b,
        Author as a
where b.author = a and a.surname = :surname""", [surname:'Smith'])
```

代码 3.106 多行语句的 HQL

3. 分页查询与排序

我们可以在使用 HQL 查询时，使用分页和排序相关语句，只需在调用方法时将分页参数和排序参数传入，如代码 3.107 所示。

```
def results = Book.findAll("from Book as b where b.title like 'Lord of
    the%' order by b.title asc", [max: 10, offset: 20])
```

代码 3.107 在 HQL 中使用分页和排序相关语句

3.7 GORM 高级特性

前面章节我们介绍了 GORM 的基本使用方式，本节将介绍 GORM 的高级特性，包括自定义映射和事件等。

3.7.1　事件与时间戳

GORM 支持在模型中为事件注册处理方法，这些方法将在数据删除、插入和更新等操作发生时执行。表 3.8 是受支持事件的列表。

表 3.8　事件列表

事件名称	描述
beforeInsert	在实例第一次持久化到数据库前执行，返回 false 时将停止写入数据库
beforeDelete	在删除数据库记录前执行，返回 false 时停止删除操作
beforeValidate	在验证对象之前执行
afterInsert	将对象持久化到数据库后执行
afterUpdate	对象更新后执行
afterDelete	删除对象后执行
onLoad	从数据库加载对象时执行

在模型中添加这些方法即可完成注册。需要注意的是，事件执行过程中不能对当前 session 进行刷新，如 obj.save(flush:true) ，因为在刷新的过程中可能会触发新的事件，造成 StackOverflowError 异常。

1. beforeInsert 事件

当一个对象即将保存到数据库时触发该事件，代码 3.108 所示为 beforeInsert 事件的使用方式。

```
class Person {
   private static final Date NULL_DATE = new Date(0)

   String firstName
   String lastName
   Date signupDate = NULL_DATE

   def beforeInsert() {
      if (signupDate == NULL_DATE) {
         signupDate = new Date()不要使用 // save
      }
   }
}
```

代码 3.108　beforeInsert 事件

2. beforeDelete 事件

当一个对象被删除时触发该事件，如代码 3.109 所示。

```
class Person {
    String name

    def beforeDelete() {
        ActivityTrace.withNewSession { // 使用新的session
            new ActivityTrace(eventName: "Person Deleted", data: name)
                .save()
        }
    }
}
```

代码 3.109 beforeDelete 事件

由于触发该事件的方法为持久化方法 delete()，因此伴随着 Hibernate session 的刷新，调用 save() 方法是无法完成保存的，所以这里我们需要使用新的 session 来完成保存。withNewSession() 方法可以在不同的 session 中共享同一个 JDBC 连接。

3. beforeValidate 事件

当对一个对象进行验证时触发该事件。

beforeValidate 事件的使用示例如代码 3.110 所示，该事件会在任何一个验证器运行前触发，因此方法运行频率比我们预想的更高，该事件不仅会在执行 validate() 和 save() 方法时触发，还会在显示视图时触发，所以在使用该事件触发器时，需要充分考虑这个事件的适应场景。

```
class Person {
   String name

   static constraints = {
       name size: 5..45
   }

   def beforeValidate() {
       name = name?.trim()
   }
}
```

代码 3.110 beforeValidate 事件

beforeValidate() 方法可以进行重载，用以接收 List 类型的参数，参数中包括所有需要验证的参数名称，该重载方法需要显示调用。在使用该重载方法时需要注意，通过 save() 方法默认触发的验证不会为该方法传入任何参数，这也就意味着默认触发的验证可能不生效。代码 3.111 演示了如何手动触发重载的 beforeValidate() 方法。

```
class Person {
    String name
    String town
    Integer age

    static constraints = {
        name size: 5..45
        age range: 4..99
    }

    def beforeValidate(List propertiesBeingValidated) {
        // do pre validation work based on propertiesBeingValidated
    }
}

def p = new Person(name: 'Jacob Brown', age: 10)
p.validate(['age', 'name'])
```

代码 3.111　beforeValidate 事件：listParam

4. onLoad/beforeLoad 事件

当从数据库中读取数据时会触发 onLoad 事件和 beforeLoad 事件，定义其中一个即可，如代码 3.112 所示。

```
class Person {
   String name
   Date dateCreated
   Date lastUpdated

   def onLoad() {
      log.debug "Loading ${id}"
   }
}
```

代码 3.112　beforeLoad 事件

5. afterLoad 事件

当从数据库中读取数据后立即触发该事件，如代码 3.113 所示。

```
class Person {
    String name
    Date dateCreated
    Date lastUpdated

    def afterLoad() {
        name = "I'm loaded"
    }
}
```

代码 3.113　afterLoad 事件

6. 自动加载时间戳

Grails 框架可以在模型中定义 dateCreated 来记录第一次创建数据的时间，定义 lastUpdated 来记录最后一次修改数据的时间。定义这两个属性后，我们无须手动设置其值，GORM 会自动在数据插入或更新时设置这两个值[①]，如代码 3.114 所示 dateCreated 和 lastUpdate 两个参数的定义。

```
class Person {
    Date dateCreated
    Date lastUpdated
    String firstName
    static mapping = {
        version false // 不启用version
        autoTimestamp false // 不自动添加时间戳
        table 'people' // 定义模型对应数据表名称
        firstName column: 'f_name' // 定义属性对应的列名称
    }
}
```

代码 3.114　通过模型中 mapping 代码块定制映射过程

① 如果不希望自动添加时间戳，可以通过 mapping 设置禁用该功能，对应 mapping 的设置为 autoTimestamp false

3.7.2 自定义 ORM 映射

在使用 Grails 框架的时候，我们会定义一些模型来对应具体的业务场景，并将模型映射到数据表，这种从模型映射到数据表的形式，就叫作 Object Relational Mapping DSL。Grails 框架默认的映射过程可以省去开发者手动配置的工作，当需要修改 Grails 框架的默认映射行为时我们也可以进行配置。

在模型中，可以通过 mapping 代码块来定制映射过程，如代码 3.114 所示。也可以在 application.groovy 文件中定制映射过程，如代码 3.115 所示。这里的映射将作用于所有的模型，除非在模型中再次修改对应配置。

```
grails.gorm.default.mapping = {
    version false
    autoTimestamp false
}
```

代码 3.115　在 application.groovy 文件中定制映射过程

3.7.3 默认排序

在查询数据时我们通常会有排序的需求，在之前的内容中我们介绍了在 list() 查询方法中可以设置排序参数 sort，除此之外我们还可以通过模型的 DSL 来设置默认的排序方式，如代码 3.116 所示。

```
class Person {
    String firstName
    static mapping = {
        // 设置数据以该字段反向排序(默认正向排序)
        sort "firstName": "desc"
    }
}
```

代码 3.116　设置默认的排序方式

对于一对多建模的情况，也可以设置排序方式，代码 3.117 中 flights 对应的集合会以 number 字段降序排列。

```
class Airport {
    ...
    static hasMany = [flights: Flight]
```

```
    static mapping = {
        flights sort: 'number', order: 'desc'
    }
}
```

代码 3.117　设置级联排序方式

3.7.4　编程式事务

GORM 的事务管理是基于 Spring 实现的，因此我们可以使用 @Transactional 注解来标识哪些类或方法需要使用事务。关于类级别和方法级别的事务我们会在后面的内容中介绍，此处我们介绍代码块级别的事务，GORM 提供了 withTransaction() 方法用于代码块级别的事务处理，该方法的参数是一个闭包，该闭包接收 SpringTransactionStatus 作为参数。

1. withTransaction() 方法

代码 3.118 是一个使用 withTransaction() 方法的例子。

```
def transferFunds() {
    Account.withTransaction { status ->
        def source = Account.get(params.from)
        def dest = Account.get(params.to)

        def amount = params.amount.toInteger()
        if (source.active) {
            if (dest.active) {
                source.balance -= amount
                dest.amount += amount
            }
            else {
                status.setRollbackOnly()
            }
        }
    }
}
```

代码 3.118　withTransaction() 方法

在代码 3.118 所示例子中，当 dest.active 为假时，被 withTransaction 包裹的代码块将回滚。除手动触发事务回滚之外，当代码块中抛出异常（包含检查异常和运行时异常）或错误时事务也将自动回滚[①]。在 withTransaction 代码块中我们也可以通过 TransactionStatus 设置 save point 来指定事务回滚的位置[②]，代码 3.119 演示了如何指定事务回滚位置。

```
def transferFunds() {
    Account.withTransaction { status ->
        def source = Account.get(params.from)
        def dest = Account.get(params.to)

        def savePoint = status.createSavepoint()

        def amount = params.amount.toInteger()
        if (source.active) {
            if (dest.active) {
                // do something
            }
            else {
                status.setRollbackOnly(savePoint)
            }
        }
    }
}
```

代码 3.119 save point 实例

2. TransactionService() 方法

除了模型上调用的 withTransaction() 方法之外，GORM 还提供了更为灵活的 TransactionService()，该 Service 包含 withTransaction()、withRollback() 和 withNewTransaction() 等方法，用于支持编程式事务。使用方法如代码 3.120 所示。

```
import grails.gorm.transactions.*
TransactionService transactionService = datastore.getService(
    TransactionService)

// or

import grails.gorm.transactions.*
@Autowired TransactionService transactionService
```

① GORM 6.0.0 之前的版本在遇到检查异常时不会自动回滚
② 需要在 BootStrap.groovy 中设置 transactionManager.setNestedTransactionAllowed(true)

```
    transactionService.withTransaction {
        def source = Account.get(params.from)
        def dest = Account.get(params.to)

        source.active = false
        dest.active = false
        source.save()
        dest.save()
    }
```

代码 3.120 TransactionService() 方法的使用

3.8 数据服务层

在工程实现的过程中，我们一般不会在 Controller 层中直接访问数据，而是通过数据服务层（Data Service）来封装对数据的访问。为减小开发者封装数据访问的工作量，Grails 框架提供了 Data Service 的支持，开发者可通过声明一个接口或一个抽象类来使用 Grails 框架默认提供的一些数据访问实现功能。

3.8.1 Data Service 基础

使用 Data Service 时我们需要在 src/main/groovy 或 grails-app/services 目录下创建一个 Service，该 Service 需要是一个接口或一个抽象类，并且使用 @Service 注解进行标注，如代码 3.121 所示。

```
@Service(Person)
interface PersonService {
    Person get(Serializable id)
}
```

代码 3.121 Data Service 示例

@Service 注解会被应用抽象语法树（Abstract Syntax Tree，AST）转换，使用该注解后 GORM 会在编译时根据方法名自动实现该方法。自动实现的方法需要满足默认的命名规约，上述代码中的 get() 方法可以被自动提供默认的数据访问实现。Data Service 在使用时也非常简单，只需按 Spring 的方式完成注入，如代码 3.122 所示。

```
@Autowired PersonService personService
```

代码 3.122 Data Service 使用

1. 使用抽象类

自动实现的数据访问一般比较简单，当我们需要实现一些复杂查询或需要组合业务流程时，GORM 提供的默认实现可能无法满足我们的需求，此时我们可以使用抽象类来实现 Data Service，并提供复杂查询的实现，如代码 3.123 中的 queryPerson() 方法。

```
interface IPersonService {
    Person getPerson(Serializable id)
    List<Person> queryPerson()
}
@Service(Person)
abstract class PersonService implements IPersonService {
   @Override
   List<Person> queryPerson() {
      // impl
   }
}
```

代码 3.123　Data Service 抽象类示例

在代码 3.123 中，我们使用 @Service 注解来标注 PersonService 抽象类，此时该类就是一个 Data Service 的实现。PersonService 抽象类实现了 IPersonService 接口，但并未提供 getPerson() 方法（该方法名满足 Data Service 的命名规约）的实现，因此该方法会被 GORM 自动实现，而 queryPerson() 方法则会使用抽象类提供的实现，如代码 3.124 所示。

Data Service 中所有的方法会被添加适当的事务[①]支持，若想移除方法的事务，只需将方法的作用域修改为 protected。

```
@Service(Person)
@Slf4j
abstract class PersonService implements IPersonService {
    protected abstract Person get(Serializable id)

    @NotTransactional
    abstract Person save(Person person)

    Person updatePerson(Serializable id, String name) {
        Person person = get(id)
        if (person != null) {
            person.name = 'new name'
```

① 读操作使用 ReadOnly，写操作使用 Transactional

```
            person.save()
        }
        return person
    }
}
```

代码 3.124　Data Service 抽象类实现

在代码 3.124 中，get() 方法使用 protected 修饰，因此该方法将不会添加事务的支持，而 updatePerson() 方法将会自动添加事务的支持。如果我们既想使用 public 修饰符又想移除事务，可以使用 @ NotTransactional 注解标注方法，如上述代码中的 save() 方法。

2. 工作原理

介绍完 Data Service 的基本使用后，我们可能会好奇为什么只定义一个方法而不给出实现就可以在代码中直接调用，上文提到 Data Service 是通过 Groovy 的 AST 转换来实现的，AST 技术可以在编译时修改生成的抽象语法树。Data Service 的工作原理就是通过 AST 技术在编译时为接口或抽象类增加默认实现。

@Service 注解用于标识 Data Service，针对该注解，GORM 提供的 ASTTransformation 会在编译时检查 Data Service 中每一个定义的方法是否需要添加默认实现，并在遇到尚未实现且无法提供默认实现的方法定义时抛出异常。除添加 Data Service 的默认实现之外，@Service 注解的 AST 转换还会生成 META-INF/services 文件夹和 org.grails.datastore.mapping.services.Service [①] 文件，使生成的 Data Service 实现加载到 JVM 并注册给 Spring。对此部分感兴趣的读者可自行查看 GORM 的源码。

GORM 在提供默认实现时会根据方法签名来确定是否存在可用的默认实现，因此如果想要使用 GORM 的默认数据访问实现，我们需要使用符合 GORM 规约的方法名称，Data Service 方法命名规约如表 3.9 所示。

表 3.9　Data Service 方法命名规约

命名规约	描述	返回值
count*	计算结果数量	Number 的子类
countBy*	计算动态查询器返回的结果数量	Number 的子类
delete*	根据给定参数删除实例	T, void, Number 的子类
find*, get*, list* or retrieve*	根据给定参数查询	T, Iterable<T>, T[], List<T>
findBy*, listBy*, findAllBy* or getBy*	使用动态查询器查询	T, Iterable<T>, T[], List<T>
save*, store*, or persist*	保存一个新实例	T
update*	更新一个实例	T

了解 Data Service 的基本工作原理之后，我们来看一下代码 3.124 编译后的结果。

① 这是一个文件名，符号. 也是文件名的一部分

```
@NotTransactional
@Implemented(
    by = FindOneImplementer.class
)
public Person get(Serializable id) {
    return Person.get(id);
}

@NotTransactional
@Implemented(
    by = SaveImplementer.class
)
public Person save(Person person) {
    return person.save(ScriptBytecodeAdapter.createMap(new Object[]{"
        failOnError", Boolean.TRUE}));
}

@Transactional
public Person updatePerson(Serializable id, String name) {
    // impl
    return person;
}
```

代码 3.125 编译后的 Data Service 抽象类

在代码 3.125 中可以看到 get() 方法和 save() 方法都给出了默认实现，并且都使用了 @NotTransactional 注解，标注该方法不使用事务。而 updatePerson() 方法则使用了我们提供的实现，并且使用 @Transactional 注解标注。

相对于直接使用模型查询，使用 Data Service 封装数据访问看起来更麻烦一些，那我们使用 Data Service 的好处是什么呢？总结以下 4 点。

- **类型安全**：在代码编译时，GORM 会完成方法签名的检查，如果参数的类型与模型中的类型不匹配，编译将会失败。
- **无性能负担**：由于生成的 Data Service 都是被静态编译的，而非代理执行，因此无须担心运行时的性能。
- **自动事务处理**：Data Service 中的方法默认支持事务，并且针对读操作使用只读事务。
- **利于工程结构划分**：使用 Data Service 可将数据访问操作从 Controller 层隔离，使工程结构更加清晰，并且在修改模型结构时只需修改 Data Service 一处。

3.8.2 查询操作

Data Service 在使用时尽量减小了开发者的工作量，一个简单的查询操作如代码 3.126 所示。

```
/* 假设有Person模型如下
    class Person {
        String name
        Integer age
        Date birthDate
    }
*/
@Service(Person)
interface PersonService {
    Person findPerson(String name)
}
```

代码 3.126 简单查询

完成以上定义后，GORM 将自动为我们完成查询的具体实现，需要注意 name 参数要与 Person 模型中 name 属性的类型和名称一致，否则 GORM 会在编译时报错。此查询返回的是一个 Person 对象，我们也可以修改方法的返回类型来查询多条数据，如代码 3.127 所示。

```
@Service(Person)
interface PersonService {
    List<Person> findPersons(Integer age)
}
```

代码 3.127 查询多条数据

在查询多条数据时，我们也可以传递一个 Map 参数，用于控制分页和排序，如代码 3.128 所示。

```
@Service(Person)
interface PersonService {
    List<Person> findPersons(Integer age, Map args)
}

// usage
List<Person> persons = personService.findPersons(
```

```
    18,
    [offset:10, max:10, sort:'title', order:'desc']
)
```

代码 3.128　传递 Map 参数

在定义查询方法时，我们也可以组合多个参数，多个参数默认使用 and 进行连接，如代码 3.129 所示。

```
@Service(Person)
interface PersonService {
    List<Person> findPersons(String name, Integer age)
}
```

代码 3.129　多参数查询

1. 使用动态查询器

当需要更复杂的查询时，我们可以使用动态查询器样式的查询方法，使用时只需在方法名后加上 By 和动态查询器表达式①。使用实例如代码 3.130 所示。

```
@Service(Person)
interface PersonService {
    List<Person> findByNameAndAgeGreaterThan(String name, Integer
        ageMin)
}
```

代码 3.130　使用动态查询器

使用动态查询器时需要注意方法名的拼写，保证方法名能与对应的模型属性对应，否则将在编译时报错，而参数的名称无须与模型属性完全一致。

2. 使用 Where 查询

动态查询器有时依然无法满足我们对复杂查询的需求，GORM 还提供了 @Where 注解用于构建更复杂的查询，使用方法如代码 3.131 所示。

```
@Service(Person)
interface PersonService {
    @Where({ name ==~ namePrefix && age == age })
    List<Person> searchPerson(String namePrefix, Integer age)
```

① 内容见 3.6.2 节

```
}
```

代码 3.131　使用 @Where 注解

当使用 @ Where 注解时，我们无须再关注方法名和方法参数名的拼写，查询语句的构建在 @Where 注解的闭包中完成。但我们需要注意闭包中的属性要对应于模型中的属性，如果闭包和模型中属性的名称不匹配将无法完成编译。Where 查询的语法可参阅 3.6.3 节。

3. 使用 HQL

在使用 Data Service 时我们也可以通过 @Query 注解使用 HQL，使用方法如代码 3.132 所示。

```
@Service(Person)
interface PersonService {
    @Query("from $Person as person where person.name like $pattern")
    Person searchByName(String pattern)
}
```

代码 3.132　使用 HQL

在代码 3.132 中，虽然方法的名称以及 pattern 参数无命名规范的要求，但方法的 pattern 参数需要与 HQL 中的 pattern 保持名称上的一致，否则编译将出错。由于 person.name 在上述查询语句中使用了字符串的形式，因此当 name 属性名称拼写错误时不会提示编译错误，为减少此类拼写错误，我们推荐使用 GString 的形式来构建查询语句，如代码 3.133 所示。

```
@Service(Person)
interface PersonService {
    @Query("from ${Person person} where ${person.name} like $pattern")
    Person searchByName(String pattern)
}
```

代码 3.133　使用 GString 的形式来构建查询语句

在代码 3.133 中，当 ${person.name}的属性名拼写错误时将无法完成编译，通过这种方式我们可以及时发现开发过程中的问题，减少因为拼写问题造成的错误。

在使用 HQL 的时候我们可以进行关联查询，如代码 3.134 所示。

```
@Query("""
    from ${Person person}
    inner join ${Company company = person.company}
    where $person.name = $name and $company.name = $comName""")
```

```
Person search(String name, Integer comName)
```

代码 3.134　HQL 关联查询

4. 投影查询

在查询数据时，有时我们只希望查询一个表的部分字段而不是所有字段，此时我们需要投影查询的支持。Data Service 提供了 3 种投影查询的方式，第 1 种方式是使用符合约定的方法，格式为 T find[Domain Class][Property]；第 2 种方式是使用 HQL；第 3 种方式是自定义返回的数据类。

代码 3.135 演示了如何使用第 1 种方式。

```
String findPersonName(Integer age)
List<String> findPersonName(Integer age, Map args)
```

代码 3.135　投影查询

如代码 3.135 所示，我们需要保证查询的方法名符合约定的命名规范，并且方法的参数名需要与模型的属性名一致。

使用 HQL 进行投影查询时，只需将需要的数据字段写入 HQL 的 select，如代码 3.136 所示。

```
@Query("select name from ${Person person} where ${person.name}
like $pattern") List<String> searchNames(String pattern)
```

代码 3.136　HQL 投影查询

以上介绍的两种投影查询都只返回一个字段，有时我们需要查询多个指定的字段，此时我们可以自定义返回的数据格式，来构造投影查询的返回值，如代码 3.137 所示。

```
class Person {
    String name
    Integer age
}
interface PersonInfo {
    String getName()
}
@Service(Person)
interface PersonService {
```

```
    PersonInfo find(String name)
}
```

代码 3.137 自定义投影查询返回格式

在代码 3.137 中我们需要注意，定义的返回类型需要是一个接口，这跟 GORM 的 AST 转换有关。我们在 PersonInfo 中可以定义想要返回的属性，属性的名称需要与模型的属性名保持一致，否则编译将会出错。

3.8.3 写操作

Data Service 中符合方法命名规约的写操作将自动使用事务，当然我们也可以通过 @Transactional 注解为任意方法提供事务的支持。下面我们总结一下各种写操作的使用方法。

1. Create

新建数据操作将会返回新建的数据实例，方法的参数可以是数据实例本身或构造该实例必要的参数，如代码 3.138 所示。

```
Person savePersonByParam(String name, Integer age)
Person savePersonByEntity(Person person)
```

代码 3.138 Create

当使用 savePersonByParam() 方法时，我们需要保证传递的参数名称与模型的属性匹配，否则将无法通过编译。无论是传递参数还是对象实例，在保存时 GORM 都会根据模型中的属性约束进行检查，检查不通过将会抛出 ValidationException。

2. Update

更新操作与保存操作类似，但在更新操作中必须将 id 作为第一个参数，用于指定更新的数据，如代码 3.139 所示。

```
Person update(Serializable id, String name)
```

代码 3.139 Update

同样，当 update() 方法的参数名与模型属性不匹配时也无法通过编译，在执行更新操作之前也会对属性的约束进行检查，检查不通过将抛出 ValidationException。

我们也可以通过 HQL 来实现更新操作，如代码 3.140 所示。

```
@Query("update ${Person person} set ${person.age} = $age where ${
    person.age}=$oldAge")
```

```
Number updateAge(Integer age, Integer oldAge)
```

代码 3.140　HQL Update

3. Delete

删除操作定义的返回值可以为 void 或一个实例，当删除操作返回的是一个实例时，GORM 会自动在删除前执行查询操作，如代码 3.141 所示。

```
Number deleteAll(String name)
void delete(Serializable id)

@Query("delete ${Person person} where $person.name = $name")
void deleteUser(String name)

@Where({ name == name && age > age })
void delete(String name, Integer age)
```

代码 3.141　Delete

在代码 3.141 中我们也演示了使用 HQL 和 Where 执行删除操作，在使用时都需要注意模型属性与参数名匹配的问题。

3.8.4　参数校验

Data Service 内建了对 @ javax.validation 注解的支持，我们在使用 Data Service 时可以通过注解对参数进行约束，如代码 3.142 所示。

```
Person find(@NotNull String name)
```

代码 3.142　Validation

在代码 3.142 中，如果我们在使用 find() 方法时传递的参数为 null，将会抛出 ValidationException 。读者可自行参阅 javax.validation 包下的注解，并尝试在 Data Service 中使用这些注解。

3.9　多数据源

GORM 提供了多数据源的支持，我们可以在 Grails 框架中配置多个数据源，将不同的模型映射到不同的数据源，并针对指定的数据源进行数据的增、删、改、查操作。

3.9.1 配置多数据源

多数据源的配置非常简单，我们只需要在 application.yml 中添加 dataSources 的配置，如代码 3.143 所示。

```
dataSource:
  pooled: true
  jmxExport: true
  driverClassName: 'com.mysql.jdbc.Driver'
  username: 'root'
  password: 'root'
  dialect: org.hibernate.dialect.MySQL5InnoDBDialect
dataSources:
  info:
    url: 'jdbc:mysql://localhost:3306/info'
  backup:
    url: 'jdbc:mysql://localhost:3306/backup'
```

代码 3.143 多数据源配置

在配置代码 3.143 中，我们增加了 info 和 backup 两个数据源以及一个默认数据源（dataSource 节点下的配置），其中 info 和 backup 这两个数据源省略了一些配置，这些配置将从默认数据源中继承。

在开发过程中，我们可能需要在代码中注入数据源，在单数据源时我们直接使用 dataSource 作为注入数据源的名称，在多数据源的情况下注入数据源的名称需遵循代码 3.144 所示规则。

```
class IndexController {
    def dataSource
    def dataSource_info
    def dataSource_backup
}
```

代码 3.144 多数据源注入

可以看到，默认的数据源依然使用 dataSource ，其他数据源需要增加配置名称作为后缀。

3.9.2 模型与数据源映射

在配置多数据源后，我们在定义模型时如果不指定数据源，模型会关联默认数据源。如果你希望使模型关联其他数据源，则需要在模型定义中添加 mapping 指定数据源名称。

如代码 3.145 所示，我们对 Article 数据的操作都会在 info 数据源中进行。

```
class Article {
    String title
    String author
    Date publishDate

    static mapping = {
        datasource 'info'
    }
}
```

代码 3.145 指定数据源

除指定单个数据源之外，我们还可以为模型同时指定多个数据源，如代码 3.146 所示，需要注意使用的属性是 datasources。

```
static mapping = {
    datasources(['info', 'backup'])
}
```

代码 3.146 指定多个数据源

我们也可以指定模型同时关联默认数据源和一个其他数据源，如代码 3.147 所示。

```
import org.grails.datastore.mapping.core.connections.*

static mapping = {
    datasources(['info', ConnectionSource.DEFAULT])
}
```

代码 3.147 指定模型同时关联默认数据源和一个其他数据源

或者我们可以将一个模型关联给所有数据源，如代码 3.148 所示。

```
import org.grails.datastore.mapping.core.connections.*

static mapping = {
    datasource ConnectionSource.ALL
}
```

代码 3.148 将一个模型关联给所有数据源

3.9.3 多数据源使用

当模型未指定数据源（即使用默认数据源）或只关联了一个数据源时，对模型的操作我们无须关注数据源的问题，GORM 会自动将操作映射到对应的数据源上；而当我们为一个模型配置多个数据源后，我们在使用时需要特别指定使用哪一个数据源。假设我们有代码 3.149 所示的模型。

```
class Article {
    String title
    String author
    Date publishDate

    static mapping = {
        datasources(['info', 'backup'])
    }
}
```

代码 3.149 多数据源模型

可以看到我们为 Article 指定了两个数据源，因此我们在使用该模型时需要注意指定使用哪一个数据源。GORM 可以通过命名空间的方式为数据操作指定数据源，但 GORM 默认把定义的第一个数据源作为默认的命名空间，在 Article 中 info 将作为默认的命名空间，如代码 3.150 所示。

```
Article.withNewSession {                          // ①
    println Article.get(1).title
}

Article.backup.withTransaction {                  // ②
    println Article.backup.get(1).title
}
```

代码 3.150 多数据源使用

由于 Grails 框架不会为额外配置的数据源默认开启连接，因为这可能造成性能的浪费，因此我们在使用非默认数据源时需要配合 withNewSession 或 withTransaction 来开启一个 session①。

在代码 3.150 标号为①处，我们未指定命名空间，所以该查询将默认使用模型配置的第一个数据源 info；而在标号②处，我们使用了 backup 命名空间，因此该查询将在 backup 数据源中进行。

① 这里的非默认数据源指的是 info 和 backup 这两个数据源

除此之外，我们也可以在 Data Service 中指定数据源。

如代码 3.151 所示，我们可以在 @Transactional 注解（@ReadOnly 注解也具有同样的效果）中指定使用的数据源，此时我们可以省略 withNewSession。同样，如果 @Transactional 注解未指定数据源，则查询使用默认的 info 数据源。

```
class ArticleService {
    @Transactional('backup')
    Article get(Serializable id) {
        Article.backup.get(id)
    }

    @Transactional Article getInfo(Serializable id) {
    Article.get(id)
    }
}
```

代码 3.151　在 Service 中指定数据源

3.10　多　租　户

在一些云计算架构或软件即服务（Software as a Service，SaaS）环境下，多租户（Multi-Tenancy）是一个通用的需求，通过多租户模式，可以将一个数据库实例同时提供给多个租户使用，并相互隔离，以提高资源利用率并降低服务提供方的成本。多租户有多种实现形式，GORM 为开发者提供了灵活的多租户的支持，以减少开发者在开发该类应用时的工作量。

3.10.1　多租户模式

GORM 支持表 3.10 所示的 3 种多租户模式。

表 3.10　多租户模式

模式	描述
DATABASE	不同租户的数据存储在不同的数据库中
SCHEMA	不同租户的数据存储在同一数据库的不同 schema 中
DISCRIMINATOR	不同租户的数据存储在同一数据库且相同的 schema 中， 通过指定字段对数据进行划分

我们需要注意，在使用多租户模式时系统可能存在数据泄露的风险，表 3.10 列出的 3 种多租户模式从上到下数据泄露的风险逐渐增大，我们在使用多租户模式时需要特别注意做好不同租户间的数据隔离。

3.10.2 配置

在使用 GORM 提供的多租户支持时，我们需要配置使用的模式，以及多租户的处理器 TenantResolver，如代码 3.152 所示。

```
grails:
    gorm:
        multiTenancy:
            mode: DATABASE    # ①
            tenantResolverClass:org.grails.datastore.mapping.multi
                tenancy.web.SessionTenantResolver # ②
```

代码 3.152 多租户配置

（1）**grails.gorm.multiTenancy.mode**

该配置用于指定多租户的工作模式，支持的模式为 DATABASE、SCHEMA、DISCRIMINATOR。当我们使用 DATABASE 模式时，我们需要提前把多数据源配置好，具体内容可以参阅 3.9.1 节。

（2）**grails.gorm.multiTenancy.tenantResolverClass**

该配置用于指定多租户的处理器，即区分不同租户的处理方式，配置的值为一个类名，当使用 DATABASE 模式时该类需要实现 TenantResolver 接口；当使用 SCHEMA 或 DISCRIMINATOR 模式时，该类需要实现 AllTenantsResolver 接口。其中 GORM 默认提供了以下几个 TenantResolver 接口的实现。

- **SubDomainTenantResolver**: 从请求 URL 中解析域名，将子域名作为当前的租户 id，例如当请求发向 info.grails.org 这个域名时，SubDomainTenantResolver 在处理这个请求时会把 info 作为当前租户。
- **CookieTenantResolver**: 从请求的 cookie 中获取当前租户，该 cookie 的名称为 gorm.tenantId。
- **SessionTenantResolver**: 从当前 Http session 中获取租户，同样使用 gorm.tenantId 作为名称。
- **HttpHeaderTenantResolver**: 从当前 HTTP 请求的 Header 中获取租户，Header 的名称为 gorm.tenantId。

以上处理器都在 org.grails.datastore.mapping.multitenancy.web 包中，当我们使用 DATABASE 模式时可以从上述处理器中进行选择配置。除以上几种方式之外，我们可以通过实现接口 TenantResolver 或 AllTenantsResolver 自定义处理类，然后在配置中使用自定义的租户处理器。

3.10.3 使用多租户

在本节演示多租户的使用中，我们使用代码 3.153 所示的配置。

```
grails:
    gorm:
        multiTenancy:
            mode: DATABASE
            tenantResolverClass: org.grails.datastore.mapping.multi
               tenancy.web.SessionTenantResolver
dataSource:
  pooled: true
  jmxExport: true
  driverClassName: "com.mysql.jdbc.Driver"
  username: root
  password: 'root'
  dbCreate: 'update'
  url: 'jdbc:mysql://localhost:3306/maindb'
  dialect: org.hibernate.dialect.MySQL5InnoDBDialect
dataSources:
  info:
    url: 'jdbc:mysql://localhost:3306/info'
  backup:
    url: 'jdbc:mysql://localhost:3306/backup'
```

代码 3.153 使用多租户配置

在多租户模式中，我们需要首先指定哪些模型使用多租户，在使用时我们只需将模型继承 MultiTenant [①]即可标识该模型支持多租户，如代码 3.154 所示。

```
class Book implements MultiTenant<Book> {
    String title
}
```

代码 3.154 多租户模型

在编写模型类时，如果我们使用 DISCRIMINATOR 模式，那么模型中还需要设置 tenantId，通常可以在模型中增加一个名为 tenantId 的字段。

在本例中我们使用了 SessionTenantResolver 处理器，我们可以在 Controller 中模拟用户登录，并将登录用户的租户信息保存在 session 中，如代码 3.155 所示。

```
def index(Integer id) {
    // 初始化数据
```

① 这是一个 Groovy 的 trait

```
    if (Author.list().size() == 0) {
        new Author(name: 'info').save(flush: true)
        new Author(name: 'backup').save(flush: true)
    }
    def author = Author.findById(id)
    if (author) {
        // SessionTenantResolver.ATTRIBUTE = "gorm.tenantId"
        session.setAttribute(SessionTenantResolver.ATTRIBUTE, author.
            name.toLowerCase())
        render "author $author.name login success"
    } else {
        session.setAttribute(SessionTenantResolver.ATTRIBUTE, Connec
            tionSource.DEFAULT)
        render "default user login success"
    }
}
```

代码 3.155 保存租户信息

在代码 3.155 中我们模拟了用户登录操作，当用户登录后，我们将当前用户的租户 id 保存在 session 中，在之后对数据的操作中 GORM 会从 session 中获取当前租户 id，并针对当前租户数据进行操作。在对多租户数据进行操作时，我们需要了解以下注解。

①@CurrentTenant：使用当前类或方法上下文中的租户。

②@Tenant：指定当前类或方法的租户。

③@WithoutTenant：不指定租户，使用默认租户，在 DATABASE 模式中即使用默认数据源。

通过以上注解，我们可以实现一个支持多租户的 Data Service，如代码 3.156 所示。

```
@Service(Book)
@CurrentTenant
abstract class BookDataService {
    abstract List<Book> list(Map args)

    abstract Book get(Serializable id)

    @WithoutTenant
    int countBooks() {
        Book.count()
    }

```

```
    @Tenant({ "backup" })
    List<Book> listBackupBooks() {
        Book.list()
    }
}
```

代码 3.156　多租户 Data Service

在代码 3.156 中，@CurrentTenant 注解标注了整个 Data Service，因此 list()、get() 方法将根据当前的租户来操作数据；countBooks() 方法由于使用了 @WithoutTenant 注解，因此该方法将使用默认数据源；listBackupBooks() 方法使用了 @Tenant("backup")注解，因此该方法将使用 backup 数据源。

当使用多租户时，我们还需要注意一个问题。由于 GORM 会将默认数据源的 session 绑定到当前的处理流程，当我们使用非默认数据源的租户时，当前线程绑定的 session 与租户使用的 SessionFactory 不匹配，系统会出现 No session found for current thread 的错误，因此我们对多租户数据进行操作时可以使用 Tenants 类来设置当前 session，如代码 3.157 所示。

```
import static grails.gorm.multitenancy.Tenants.*

List<Book> booksMain = withoutId {
    Book.list()
}
List<Book> booksCur = withCurrent {
    Book.list()
}
List<Book> booksBackup = withId("backup") {
    Book.list()
}
```

代码 3.157　多租户操作

通过代码 3.157 可以看到 withoutId、withCurrent、withId 这 3 个闭包分别对应于 @WithoutTenant、@CurrentTenant、@Tenant 这 3 个注解，它们的作用都是相同的。

3.11　数据约束

为保证数据完整且有效，我们可以在 GORM 中为模型定义字段约束，用于限制字段的空值和长度等信息，GORM 将在数据更新时对字段的约束进行验证，验证不通过的操作将无法被执行。

3.11.1 定义约束

在模型中定义字段约束非常简单，我们只需要添加 constraints 定义，如代码 3.158 所示。

```
class User {
    String login
    String password
    String email
    Integer age
    static constraints = {
        login size: 5..15, blank: false, unique: true
        password size: 5..15, blank: false
        email email: true, blank: false
        age min: 18
    }
}
```

代码 3.158 定义约束

在代码 3.158 中，我们为每个字段都定义了约束，其中我们约束 login 字段的长度为 5~15，字段不能为空，并且在数据库中该字段必须是唯一的。需要注意的是，GORM 默认会为每个字段设置约束 nullable: false，即字段不能设置为 null。

在设置约束时我们需要注意，约束设置的值只能被初始化一次，在验证时约束的值并不会被重复初始化。假设我们有约束定义 birthDate max: new Date()，则 birthDate 的最大值只会在第一次使用时初始化为当前时间，在之后的数据验证中并不会修改该值。

如果我们希望使用动态的数据验证，我们可以为字段添加 validator 约束，validator 可以通过闭包对字段进行动态计算，如代码 3.159 所示。

```
class Response {
    Author author
    Book book

    static constraints = {
        author blank: false
        book blank: false, validator: { val, Response obj -> val in
            obj.author.books }
    }
}
```

代码 3.159 validator 约束

在代码 3.159 描述的模型中，我们限制当前数据的 book 必须在 author.books 数据中。

3.11.2 约束总结

GORM 支持的约束总结如表 3.11 所示。

表 3.11 约束总结

约束	描述	示例
blank	验证字段是否可为空	login(blank:false)
email	字段是否为有效的邮箱地址	email(email: true)
inList	字段的值在列表中	lang(inList: ["Java", "Groovy"])
matches	字段的值匹配正则表达式	pwd(matches: "[a-z0-9]+")
max/min	字段的最大值/最小值	score(max: 100)
maxSize/minSize	字段的最大长度/最小长度	name(maxSize: 10)
notEqual	字段不等于指定值	pwd(notEqual: '1234')
nullable	字段是否可设置为 null	age(nullable: true)
range	字段是否在设置的范围值内	age(range: 18..65)
scale	字段为浮点数的小数点位数	salary(scale: 2)
size	字段的长度，可以是一个范围或特定值	name(size: 3..10)
unique	字段在数据库中是否唯一	username(unique: true)
url	字段是否为有效的 url	location(url: true)
validator	自定义验证	even validator: {return (it % 2) == 0}

我们对模型字段进行约束的主要目的是进行数据校验，但是有些字段的约束会被映射到数据表的结构中，比如 size、nullable 和 unique 等约束将直接影响模型的建表语句。

例如我们有模型存在 String name 字段，并且我们未对该字段添加约束，则该字段映射到 MySQL 的建表语句为 'name' varchar(255) NOT NULL。字段的长度被默认设置为 255，如果我们添加约束 name maxSize: 1000，此时 name 字段的建表语句为 'name' varchar(1000) NOT NULL。

有时我们为一个字段设置多个约束，这些约束可能会在数据库映射时产生歧义，GORM 在这种情况下会有默认行为。

（1）**maxSize & size**

同时设置 maxSize 和 size 时，字段的校验需要同时满足这两个约束，即字段长度需要小于较小的那个约束，但在数据库映射时，GORM 会自动从这两个约束中选择最大的那个值作为数据库字段的长度。但通常不建议在一个字段上同时使用这两个约束。

（2）**min/max & range**

当对一个数字型字段添加这 2 个或 3 个约束时，GORM 会自动根据这几个值设置满足最大值的精度。同样我们也不建议同时使用 min/max 和 range。

3.12 本章小结

模型可以说是任何业务系统的骨架，从根本上说，只有建立了合理的模型，才可以在业务开发过程中更加得心应手。本章对业务系统的核心组件模型进行了讲解，从建立模型和对数据的增、删、改、查操作开始，到模型与数据库的映射、验证，再到高级查询、数据源配置以及多租户的使用，在多个方面为读者提供了使用方式的参考。在本章内容的指导下，相信读者可以对模型有全面的了解。

第 4 章 控制器

在第 3 章中，我们已经针对 MVC 架构中的 Model 层面做了详细讲解，介绍了模型的基本增、删、改、查操作，以及 GORM 所提供的丰富查询方法。在本章中，我们将基于之前所学内容深入探讨控制器所提供的功能，即 MVC 架构中的 Controller 所提供的功能。

控制器在 Grails 应用中起到至关重要的作用，它负责处理客户端的 HTTP 请求并做出响应。通过处理简单的业务逻辑，或调用 Service 所提供的复杂业务处理，将结果返回给前端以渲染页面效果，因此控制器控制的是用户访问过程。

4.1 控制器与动作

控制器为 Grails 框架默认的 Artefact，按照 Grails“约定优于配置”的思想，创建一个控制器，只需要在 grails-app/controllers/ 目录下创建一个以 Controller 结尾的类文件（如果存在包结构，那么它在对应的子目录中）。

我们在项目的根目录下运行 grails create-controller book，运行结束后会在 grails-app/controllers/myapp/ 目录下创建 BookController 文件，创建的文件如代码 4.1 所示。

```
package myapp

class BookController {
    def index() { }
}
```

代码 4.1 创建 BookController 文件

在使用该命令创建控制器时，如未指定包名，则会使用应用程序的名称作为默认包名，如实例中的 myapp 。同时 BookController 默认映射到/book URI（相对于应用根目录），在 URI 中 Controller 的第一部分的第一个字母会变为小写（如 BookController 会映射为 book）。

创建好控制器文件后，为完成具体的业务逻辑，我们可以在控制器中添加多个 Action

方法，每一个 Action 映射到一个 URI，如代码 4.2 所示，index 映射到 http://domain/book/index，list 映射到 http://domain/book/list。

```
package myapp

class BookController {
    def index() {
        redirect action: "list"
    }

    def list() {
        // do some logic
        // ...
    }
}
```

代码 4.2　控制器中添加方法

Grails 框架会将 Controller 和 Action 的名字按照约定映射为/$controller/$action 来作为 URI。控制器有默认 URI 的概念，可以通过以下条件判断，当请求某个控制器没有指定方法时，会按照以下规则调用相应的 Action。

- 如果控制器中只定义了一个 Action，那么该 Action 为默认操作。
- 如果控制器定义了名为 index() 的操作，那么该操作为默认操作。
- 可以通过在控制器中明确定义 defaultAction 属性，指定当前控制器的默认操作，如 static defaultAction = "list "。

我们可以在 grails-app/controllers/myapp/UrlMappings.groovy 文件中定义更复杂的映射规则，详细内容将在 4.9 节 URL 映射中详细介绍。

4.2　视　　图

4.2.1　创建视图参数模型

控制器中的方法（Action）负责处理基本的业务逻辑并将处理结果返回前端，其中一项基本任务是构造渲染视图页面需要的参数模型。参数模型本质上是一个包含键值对（Map）的映射集合，Map 中的键为视图页面可使用的变量名称。如代码 4.3 所示，我们在 BookController 中添加 show 操作。

```
class BookController {
    def show() {
```

```
        def bookInstance = Book.get(params.id)
        [book: bookInstance]
    }
}
```

代码 4.3 创建 show() 方法并构建参数模型

在代码 4.3 中，根据 params 请求参数获取 id 作为查询 Book 对象的参数，通过查询数据库得到 Book 对象后，我们构建以 book 为键、以查询到的对象为值的 Map 对象。这里需要注意的是，在方法返回时，Groovy 允许省略 return 关键字，运行结束后会将最后一行的运算结果作为返回值。这里会将 Map 值传给 GSP 文件，作为页面接收的参数。

我们也可以使用 Spring 提供的 ModelAndView 对象生成返回的模型与视图，如代码 4.4 所示。

```
import org.springframework.web.servlet.ModelAndView
class BookController {
    def index() {
        def bookInstanceList = Book.findAll()

        // 转发至list页面，显示图书列表
        return new ModelAndView("/book/list", [books:
            bookInstanceList])
    }
}
```

代码 4.4 使用 ModelAndView 对象生成返回的模型与视图

在返回的 Map 对象中，某些单词不能作为模型的属性键使用，如 attributes 和 application。但是在当前版本中这些单词作为键的话不会提示错误信息，该版本未解决该问题，读者在使用时需要特别注意。

虽然控制器的方法可以将参数模型返回，但并不意味着一定要返回，这取决于当前方法的功能需求，比如方法可以直接将输出写入 response 作为响应而不需要生成页面。

4.2.2 选择视图文件

上述的两个例子中没有使用任何代码指定需要渲染的视图文件，根据 Grails 框架的约定，系统能够按照固定模式寻找当前方法对应的 GSP 文件。当请求控制器中的方法时，系统会根据约定首先寻找与方法名称相同的 GSP 文件作为默认的页面进行渲染，即页面文件的对应规则为 grails-app/views/[controllerName] /[actionName].gsp。比如代码 4.3 中控制器 book 的 show() 方法，系统默认以 grails-app/views/book/show.gsp 文件作为视图页面。

同时这也意味着当需要定制某个方法的页面显示时，只需要修改 grails-app/views/[controllerName]/[actionName].gsp 文件。

当然，我们可以指定使用某个方法在哪些情况下对哪个 GSP 文件进行渲染，比如代码 4.5 中，我们使用 render() 方法指定视图文件，同时传递 model 参数。

```
def show() {
    def map = [book: Book.get(params.id)]
    render(view: "display", model: map)
}
```

代码 4.5　指定视图文件

在这种指定视图文件的情况下，Grails 框架会在当前控制器对应的视图目录下寻找指定的 GSP 文件，这里即在目录 grails-app/views/book/下寻找 display.gsp 文件进行渲染。

如果需要使用其他文件夹下的视图文件，则需要指定文件的绝对路径，代码 4.6 中即通过绝对路径来指定 GSP 文件/shared/display，该文件的路径为 grails-app/views /shared/display.gsp。

```
def show() {
    def map = [book: Book.get(params.id)]
    render(view: "/shared/display", model: map)
}
```

代码 4.6　通过绝对路径指定 GSP 文件

假设控制器中通过 namespace 属性定义了命名空间，那么 Grails 框架查找视图文件的根目录将会发生变化。默认情况下，Grails 框架会在控制器命名空间对应的子目录中查找文件，即在 grails-app/views/ <namespacename>/<controller name>/目录中查找文件。如果在对应的命名空间子目录中未找到视图文件，Grails 框架则会在 grails-app/views/<controller name>/目录中查找，代码 4.7 中为定义了带命名空间的控制器，通过定义静态的 namespace 字符串属性指定当前控制器的命名空间为 program，对应的 show.gsp 文件也会在命名空间对应的路径下，Grails 框架会首先查找 grails-app/views/program/book/show.gsp 文件，然后才会去查找 grails-app/views/book/show.gsp 文件。

```
class BookController {
    static namespace = 'program'
    def show() {
        def bookInstance = Book.get(params.id)
```

```
        [book: bookInstance]
    }
}
```

代码 4.7 控制器中定义命名空间

4.2.3 多样化响应

有时我们需要得到非 HTML 的响应，如 JSON、XML 等格式化数据形式，尤其是在通过 API 异步获取数据时。在 Grails 框架中，使用 render() 方法即可完成不同数据格式的响应。在代码 4.8 中可以看到，render() 方法可以直接返回字符串，也可以指定返回内容的数据格式、文本编码以及使用数据模板（template）等。

关于 render() 方法更多的介绍可查看官方文档相关内容。

```
// renders text to response
render "some text"

// renders text for a specified content-type and encoding
render(text: "<xml>some xml</xml>", contentType: "text/xml",
encoding: "UTF-8")

// render a template to the response for the specified model
def theShining = new Book(title: 'The Shining', author: 'Stephen
    King')
render(template: "book", model: [book: theShining])

// render each item in the collection using the specified template
render(template: "book", collection: [b1, b2, b3])

// render a template to the response for the specified bean
def theShining = new Book(title: 'The Shining', author: 'Stephen
    King')
render(template: "book", bean: theShining)

// render the view with the specified model
def theShining = new Book(title: 'The Shining', author: 'Stephen
    King')
render(view: "viewName", model: [book: theShining])

// render the view with the controller as the model
```

```
render(view: "viewName")

// render some markup to the response
render {
    div(id: "myDiv", "some text inside the div")
}

// render some XML markup to the response
render(contentType: "text/xml") {
    books {
         for (b in books) {
             book(title: b.title, author: b.author)
         }
    }
}

// render a JSON response with the builder attribute:
render(contentType: "application/json") {
    book(title: b.title, author: b.author)
}

// render with status code
render(status: 503, text: 'Failed to update book ${b.id}')

// render a file
render(file: new File(absolutePath), fileName: "book.pdf")
```

代码 4.8　返回指定格式的数据

4.3　作用域变量

Grails 框架基于 Spring MVC 框架，使用标准 Servlet API 的标准对象（如 HttpServletRequest、HttpSession 等）。控制器在接收请求时，Grails 框架会自动注入一系列的 Servlet 对象。在前面章节中，我们可以看到控制器的方法可以返回 Map 类型的数据模型以渲染前端页面，同时我们使用了 flash 对象将数据从控制器传递给页面。这种可以存储、传递信息且具有生命周期的变量，我们称之为作用域变量（Scope）。

Grails 框架提供了多种作用域属性变量，每一种变量的生命周期不尽相同，在服务器层、访问过程、请求过程等不同层面、不同阶段进行数据的交互和存储，表 4.1 列出了常用的作用域变量的生命周期。通过表 4.1 我们可以看到，params、request、flash 这 3 个对象对应请求过程的不同阶段；session 对应的是当前访问过程，记录当前用户信息、登录状态等，在浏览器关闭时清除；servletContext 则记录了服务端的状态信息，在整个服务端运行过程中都可以访问使用。

表 4.1 Grails 框架不同作用域变量的生命周期

作用域变量	生命周期描述说明
servletContext	生命周期截止于应用重启。数据在服务器层面共享
session	生命周期截止于当前用户关闭当前浏览器
flash	生命周期截止于下一次请求之后
request	生命周期截止于当前请求的 GSP 页面渲染完成
params	生命周期截止于当前请求

这些对象分别对应不同对象类型，例如 request 是 HttpServletRequest 类型，但是 Grails 框架提供了类似 Map 的访问机制来方便开发人员的使用。如代码 4.9 所示，我们可以通过 Groovy 的数组索引或引用操作符访问作用域变量的属性值。

```
class BookController {
    def index() {
        def id = params["id"]
        def foo = request["foo"]
        def user = session["user"]

        // 使用点运算符
        /**
            def id = params.id
            def foo = request.foo
            def user = session.user
        */
    }
}
```

代码 4.9 访问作用域变量的属性值

下面将分别对每一个作用域变量进行详细介绍。

1. servletContext

servletContext 是 ServletContext 对象的实例。该变量的作用域为应用程序级，即它可在整个 Web 应用程序中共享，其适用于存储不依赖于特定用户状态的信息，比如系统自启动后所有的访问次数信息，同时可以使用该变量加载应用系统内部的资源文件，如代码 4.10 所示。

```
// 加载脚本文件
servletContext.getResourceAsStream("/Web-INF/myscript.groovy")
// 加载图片资源
servletContext.getResourceAsStream("/images/logo.jpg")
```

代码 4.10　使用 servletContext 加载资源文件

2. session

session 是 GrailsHttpSession 类的实例，该类实现了 HttpSession 接口。session 实例仅关联当前用户的状态，当前用户关闭浏览器或用户不活动时长超过 session 的有效时长时，session 实例会自动销毁。HttpSession 接口提供了 setAttribute()、getAttribute()、removeAttribute() 等方法访问与处理实例中的属性。

3. flash

flash 对象主要在使用 redirect() 方法进行重定向跳转时应用，作为当前请求与下一个请求的临时存储，在下一次请求后会自动清空数据。如果方法最后没有使用 redirect() 方法进行跳转，而是直接返回视图或者其他结构化数据，则该参数会在当前请求完成后被清空。使用 redirect() 方法时，在当前的请求中保存重定向（下一次请求）后需要显示的消息，当下一次请求完成后，flash 中的消息自动清空，使用方式如代码 4.11 所示。在该示例中，当前 index 请求下，我们将“Welcome!”写入 flash ，然后执行重定向跳转到 list 页面，发起第二次请求。针对 list 的请求过程，我们可以获取 flash 中的信息，并在第二次请求完成后清除信息。

```
class BookController {
    def index() {
        flash.message = "Welcome!"
        redirect(action: 'list')
    }
    def list() {
        println(flash.message)
    }
}
```

代码 4.11　flash 变量的使用

除了在方法中使用该对象外，我们还经常将其用在页面显示上，在 GSP 文件中我们可以将 flash.message 显示出来，用作提示信息。在最后的实例项目中我们可以进行实践。

4. request

request 是 HttpServletRequest 接口的实例，记录了客户端访问服务端时的各种数据，是处于单次访问层面的数据交互。其存储的内容仅对当前的请求有效，可以在控制器与视图之间共享，直到请求被处理。完成页面渲染后，request 变量清空。因此，重定向操作会创建新的请求，原有保存的请求数据将被清除。request 包含一系列有用的属性，代码 4.12 中列举了部分属性的获取方法。

```
// 获取请求的方法，如get()、put()、post()、delete()方法等
request.method

// 获取请求消息体内的JSON或XML数据
request.JSON
request.XML

// 获取请求头中属性
request.getHeader("key")

// 获取通过multipart/form-data 上传的文件
request.file("fileName")
```

代码 4.12　request 对象属性的获取

5. params

params 变量存储当前请求传入的 GET 或 POST 参数，也称公共网关接口（Common Gateway Interface，CGI）参数，仅在当前请求内有效。与 request 变量不同，params 变量中的属性键及属性值是可更改的，我们可以随意增加或修改 params 变量内的请求参数。同时，params 变量可进行数据绑定，用在 4.5.5 节所讲到的 bindData() 方法中，现在主要介绍 params 的用法，代码 4.13 展示了主要的使用方式。

我们可以在读取属性值的同时通过方法名指定值的数据类型，如代码 4.13 中的 params.float() 方法、params.int() 方法，如果不指定，则默认返回 String 类型。

```
// 直接通过点操作符访问请求参数，获取的值默认为String类型
params.parameterName

// 获取int类型的参数值
params.int('age')

// 获取float类型的参数值，并提供默认值
```

```
params.float('float', 1.0)

// 获取date类型的参数值，并设置日期格式
params.date('myDate', 'yyyy/mm/dd')
```

代码 4.13 params 对象的使用

以上介绍了每个作用域变量，在实际项目中，需要根据不同的使用场景选择使用不同的作用域变量，主要的判断依据大致如下。

- params：用于获取请求参数。
- request：用于完成业务处理并渲染页面。
- flash：用于保存信息或重定向时传递至下一次请求。
- session：用于保存特定用户的数据。
- servletContext：用于保存应用程序级别数据。

至此我们对不同作用域变量的生命周期及适用范围有了一定的了解，下节我们将介绍控制器的重定向方式。

4.4 重 定 向

Grails 框架中可以实现重定向的方法有两个：一个是 redirect() 方法，用来进行常规的跳转，跳转时的请求是通过客户端发起的；另一个是 chain() 方法，该方法在用来进行跳转的时候可以在不同 URL 中传递模型数据。

4.4.1 redirect() 方法

重定向会将响应发送给客户端并创建一个新的请求。有时需要在控制器的不同方法之间进行重定向请求操作，进而完成不同方法、不同控制器间的交互及流程控制。Grails 框架提供内置的 redirect() 方法实现重定向操作。我们在之前的例子中，多次见到该方法的使用。如在 BookController 中当请求 index 时，我们将其重定向到 list() 方法。本质上 redirect() 方法使用 HttpServletResponse 的 sendRedirect() 方法实现重定向。

代码 4.14 展示了该方法的使用。该方法可以用于接收 controller、action 参数，用来指定要跳转到的目标 URL，同时也可以用来添加 params 等参数，加入请求时传递的参数。

```
// 重定向至当前控制器中的list()方法
redirect(action: 'list')

// 如重定向至不同控制器的方法中，需要明确指定Controller参数
// 重定向至/myapp/author/index
redirect(controller: 'author', action: 'index')
```

```
// 传入id参数，重定向至/myapp/author/show/1
redirect(controller: 'author', action: 'show', id: 1)

// 通过params参数（Map类型），传递重定向的参数
redirect(action: 'list', params: [max: 10, offset: 0])

// 重定向至相对于应用程序路径的URI或完成的URL
redirect(uri: '/login.html')
redirect(url: 'http://other.site')

// 通过fragment参数，重定向至目标URI中某锚点
// 重定向至/myapp/book/show#profile
redirect(controller: 'book', action: 'show', fragment: 'profile')
```

代码 4.14　redirect() 方法的使用

关于 redirect() 方法，代码 4.14 中的用法基本覆盖了我们常用的形式。

4.4.2　chain() 方法

Grails 框架不仅提供了 redirect() 方法实现重定向操作，同时提供了另外一个 chain() 方法。chain() 方法与 redirect() 方法非常类似，也需要客户端创建新的请求，不同点在于 chain() 方法可以将模型数据从一个方法传递到下一个方法。之前已经介绍过，通过 flash 作用域解决新请求时 request 属性值丢失的问题，chain() 方法进一步解决了此问题，其底层实现了使用 flash 作用域，并自动管理 flash 作用域中的数据。代码 4.15 为 chain() 方法的使用示例。在 first() 方法中构造了 model 参数并在 model 参数中添加键值对，然后重定向到 second() 方法，继而 second() 方法也在 model 参数中添加键值对，最后跳转到 third() 方法，最终将合并后的 model 参数返回，即 [one: 1, two: 2, three: 3]。

```
class ExampleChainController {
    def first() {
        chain(action: 'second', model: [one: 1])
    }

    def second () {
        chain(action: 'third', model: [two: 2])
    }

    def third() {
```

```
            [three: 3]
        }
    }
```

代码 4.15 chain() 方法的使用

可见 chain() 方法会多次调用重定向的模型进行组合，得到最终的返回模型。有一点需要注意的是，在链式传递过程中，如果 model 参数中的属性键存在重复，将会用后面的值覆盖之前操作传递过来的键值。其中，上一次操作传递过来的模型，可通过 chainModel（Map 类型）属性获得。这个动态属性仅存在于使用 chain() 方法重定向的方法中，使用方式如代码 4.16 所示。

```
class ExampleChainController {
    def first() {
        chain(action: 'second', model: [one: 1])
    }

    def second () {
        // 输出结果1
        println chainModel.one

        [two: 2]
    }

    def third() {
        // 错误!此时chainModel属性为null
        // chainModel.two
        ...
    }
}
```

代码 4.16 chain() 方法中 chainModel 的使用

4.5 数据绑定

在 Web 应用开发过程中，通常会遇到如何将字符串类型的请求参数转换为实体对象属性的问题。尤其在面向对象环境下，模型通常定义多个属性，其中有潜在的关系及嵌套的对象图（Object Graph）。这使得开发人员需要花费大量精力处理参数的类型转换与数据绑定。

但是在 Grails 框架中，系统提供了简单的机制来处理参数的类型转换与数据绑定。本节将深入探讨数据绑定的相关内容。

数据绑定是将传入的请求参数与实体对象的属性或完整的对象图进行绑定。通常情况下请求参数通过表单提交的方式传递到后台服务端，这些参数通常为 String 类型。而 Grails 框架的模型中的属性并不全是 String 类型，所以数据绑定前需要对请求参数进行必要的类型转换。

4.5.1　绑定基本数据类型属性

我们可以构造 Map 类型数据，将其与模型中的基本数据类型属性进行绑定。在数据绑定过程中，会将 Map 类型的数据进行转换并赋值给对应的模型属性。绑定规则为使用 Map 类型的数据中的键名称与实体对象的属性名称进行关联匹配，将 Map 类型的数据中的值赋给对应的对象属性。

在示例代码 4.17 中，我们首先定义 Person 类，并添加 firstName、lastName、age 属性，然后定义 Map 对象，添加对应属性的键值对。在创建 Person 对象时传入该 Map 对象，便可以对该对象进行初始化。

```
class Person {
    String firstName
    String lastName
    Integer age
}
//...
def bindingMap = [firstName: 'Peter', lastName: 'Gabriel', age
    : 63]

def person = new Person(bindingMap)

assert person.firstName == 'Peter'
assert person.lastName == 'Gabriel'
assert person.age == 63
```

代码 4.17　通过 Map 对象进行数据绑定

如要更新模型中的属性，可以通过构造一个 Map 对象，并将其赋值给模型的 properties 属性，如代码 4.18 中展示的方式，我们直接把 Map 对象赋值给 properties 属性，即可改变对应的属性值。

```
def bindingMap = [firstName: 'Peter', lastName: 'Gabriel', age
    : 63]
```

```
def person = Person.get(someId)
person.properties = bindingMap

assert person.firstName == 'Peter'
assert person.lastName == 'Gabriel'
assert person.age == 63
```

代码 4.18 通过 properties 属性更新对象内容

我们还可以使用 Map 嵌套结构绑定完整的对象图，如代码 4.19 所示，首先我们定义存在依赖关系的 Person 和 Address，然后根据属性名称和依赖关系定义 bindingMap。在创建 Person 对象时，可以同时初始化 Address 类属性。

```
class Person {
    String firstName
    String lastName
    Integer age
    Address homeAddress
}

class Address {
    String county
    String country
}
// ...
def bindingMap = [firstName: 'Peter', lastName: 'Gabriel', age
    : 63, homeAddress: [county: 'Surrey', country: 'England'] ]

def person = new Person(bindingMap)

assert person.firstName == 'Peter'
assert person.lastName == 'Gabriel'
assert person.age == 63
assert person.homeAddress.county == 'Surrey'
assert person.homeAddress.country == 'England'
```

代码 4.19 使用 Map 嵌套结构绑定完整的对象图

4.5.2 绑定集合类型属性

我们同样可以绑定模型中的集合类型属性。如代码 4.20 展示的绑定 List 类型的属性。

```
class Band {
    String name
    static hasMany = [albums: Album]
    List albums //定义后生成的数据表albums中会添加band_idx属性
}

class Album {
    static belongsTo = [band: Band]
    String title
    Integer numberOfTracks
}
// ....
def bindingMap = [
    name: 'Genesis',
    'albums[0]': [title: 'Foxtrot', numberOfTracks: 6],
    'albums[1]': [title: 'Nursery Cryme', numberOfTracks: 7]
]
// def bindingMap = [name: 'Genesis',
//     'albums': [[title: 'Foxtrot', numberOfTracks: 6],
//                [title: 'Nursery Cryme', numberOfTracks: 7]
//               ]
//     ]

def band = new Band(bindingMap)
assert band.name == 'Genesis'
assert band.albums.size() == 2
assert band.albums[0].title == 'Foxtrot'
assert band.albums[0].numberOfTracks == 6
assert band.albums[1].title == 'Nursery Cryme'
assert band.albums[1].numberOfTracks == 7
```

代码 4.20 绑定 List 类型属性

当把 albums 的类型改为数组类型（Array）时，上述的代码同样有效。

在代码 4.20 中需要注意的是，当附属类（Album）有先后顺序时，可以在主类（Band）中定义 List albums，此时生成的 albums 数据表中会添加 band_idx 字段，表示先后顺序；如果附属类不需要先后顺序，则只需要定义 hasMany 和 belongsTo。另外在 bindingMap 的结构中，可以将 albums 节点直接定义为数组形式，如代码 4.20 中注释所示，其定义时的先后顺序即为 band_idx 对应的顺序。

当绑定 Set 类型时，我们同样使用与绑定 List 类型一样的 Map 数据类型，但由于 Set 类型是无序的，所以其中的数组下标并不对应 Set 类型数据的存储顺序。在上面的例子中，如果 albums 是 Set 类型，bindingMap 也可使用同样的数据，但 albums[0] 并不一定是 Set 类型数据中的第一个元素，也可能是第二个。当想更新已有的 Set 类型数据时，那么在 bindingMap 中对应赋值 Set 类型数据的结构中必须包含 id 字段，以此来表示 Set 中需要更新的元素，如代码 4.21 所示。代码 4.21 中 albums 的索引下标 0 和 1 可以是针对当前 Map 任意不重复的数值。由于 albums 是 Set 类型，这些下标并不对应元素的存储顺序。也正是因为无法根据索引下标确定记录，所以需要在数据中指定 id 字段的值，这里将在 albums 变量中查找是否存在 id 为 4 和 9 的 album 对象实例，如果找到将更新对应实例的 title 内容；如果找不到，将从数据库中查找对应的 id 实例，同时将查到的内容添加到 albums 变量并更新 title 内容；如果在数据库中仍然找不到对应 id 的实例，将会提示绑定错误的信息。

```
def bindingMap = [
    'albums[0]': [id: 9, title: 'The Lamb Lies Down On Broadway']
    'albums[1]': [id: 4, title: 'Selling England By The Pound']
]

def band = Band.get(someBandId)

band.properties = bindingMap
```

代码 4.21　通过数据绑定更新已有记录

当绑定 Map 类型属性时，也可使用类似绑定 List 类型和 Set 类型时的 bindingMap 结构。有一点不同的是，下标数据应该为对应 Map 类型的键，使用方式如代码 4.22 所示。

```
class Album {
    String title
    static hasMany = [players: Player]
    Map players
}

class Player {
    String name
}
// ...
def bindingMap = [title: 'The Lamb Lies Down On Broadway',
```

```
'players[guitar]': [name: 'Steve Hackett'],
'players[vocals]': [name: 'Peter Gabriel'],
'players[keyboards]': [name: 'Tony Banks']]

def album = new Album(bindingMap)

assert album.title == 'The Lamb Lies Down On Broadway'
assert album.players.size() == 3
assert album.players.guitar.name == 'Steve Hackett'
assert album.players.vocals.name == 'Peter Gabriel'
assert album.players.keyboards.name == 'Tony Banks'
```

代码 4.22 绑定 Map 类型的属性

当更新 Map 数据时，如果 bindingMap 所指定的键存在，那么直接更新 Map 数据中对应的键值对，否则，将在 Map 类型数据中新增当前的键值对，示例如代码 4.23 所示。

```
def bindingMap = [title: 'The Lamb Lies Down On Broadway',
'players[guitar]': [name: 'Steve Hackett'],
'players[vocals]': [name: 'Peter Gabriel'],
'players[keyboards]': [name: 'Tony Banks']]

def album = new Album(bindingMap)

assert album.title == 'The Lamb Lies Down On Broadway'
assert album.players.size() == 3
assert album.players.guitar.name == 'Steve Hackett'
assert album.players.vocals.name  == 'Peter Gabriel'
assert album.players.keyboards.name  == 'Tony Banks'

def updatedBindingMap = ['players[drums]': [name: 'Phil Collins'],
        'players[keyboards]': [name: 'Anthony George Banks']]

album.properties = updatedBindingMap

assert album.title == 'The Lamb Lies Down On Broadway'
assert album.players.size() == 4
assert album.players.guitar.name == 'Steve Hackett'
assert album.players.vocals.name == 'Peter Gabriel'
assert album.players.keyboards.name == 'Anthony George Banks'
```

```
assert album.players.drums.name == 'Phil Collins'
```

代码 4.23　通过数据绑定更新 Map 类型的属性

4.5.3　绑定请求数据

在 4.3 节中，我们已经介绍过 params 作用域变量，在接收客户端的请求时，传递的参数会存放在该变量中，并传递到控制器中使用。params 可以将以点“.”分割的请求参数转换为嵌套的 Map 类型，以供数据绑定使用。例如，某个请求包含请求参数 person.homeAddress.country 和 person.homeAddress.city，对应的值分别为 'USA' 和 'St. Louis'。params 将上述的请求参数转换为：

[person:[homeAddress:[country: 'USA', city: 'St. Louis']]]

数据绑定使用模型提供的基于 Map 类型的构造器，将请求参数与模型进行绑定，使用方式如代码 4.24 所示。

```
def save() {
    def b = new Book(params)
    b.save()
}
```

代码 4.24　使用 params 进行数据绑定

在代码 4.24 中，数据绑定在 new Book(params) 代码执行时进行，通过将 params 对象传递给模型的构造方法，Grails 框架会自动检测匹配的请求参数，完成与模型对象的绑定。

当更新已存在的模型对象时，同样可以将 params 对象赋值给模型对象的 properties 属性，如代码 4.25 所示。

```
def save() {
    def b = Book.get(params.id)
    b.properties = params
    b.save()
}
```

代码 4.25　使用 params 更新已有数据

当请求的字符串为空时（没有任何一个字符），数据绑定会将空字符串转为 null 进行绑定。同时，数据绑定在绑定字符串数据时，会默认自动执行 trim() 方法。我们可以通过在 grails-app/conf/application.groovy 文件中添加相应属性，改变上述情况的默认行为，配置方式如代码 4.26 所示。

```
// 默认为true
grails.databinding.convertEmptyStringsToNull = false

// 默认为true
grails.databinding.trimStrings = false
```

代码 4.26 配置数据绑定默认行为

这两个操作的执行顺序是先执行 trim 操作再执行空字符串转 null 操作。因此当上述的两个配置均为 true 时，不仅空字符串将被转为 null，同时空白的字符串（空白的字符串指执行 trim() 方法后返回为空字符串的字符串）也将被转为 null。

4.5.4 Action 参数绑定

控制器 Action 参数可直接与请求参数进行绑定。这种绑定机制有两种模式，一种使用命令对象（Command Object）作为 Action 的参数，这部分内容将在 4.7 节进行详细阐述。另一种是使用基本数据类型的 Action 参数，根据请求参数的名字进行匹配，如代码 4.27 所示。

```
class AccountingController {

    // accountNumber will be initialized with the value of params.
        accountNumber
    // accountType will be initialized with params.accountType
    def displayInvoice(String accountNumber, int accountType) {
        // ...
        // assert errors.hasErrors() == true
    }
}
```

代码 4.27 通过参数名称初始化参数

其中 accountNumber 和 accountType 参数将被请求参数中的 params.accountNumber 和 params.accountType 初始化。对于基本数据类型的参数，在进行数据绑定前，请求的参数会自动按照 Action 参数的数据类型进行类型转换。例如 params.accountType 将被转换为 int 类型。如果类型转换过程中出现错误，方法的参数将按照 Java 的默认行为进行初始化（null、zero 或 false 等），同时将对应的错误添加到 errors 属性中。

比如请求参数为/accounting/displayInvoice?accountNumber=B59786&accountType=strValue，由于 params.accountType 的值为“strValue”，不能转换为 int 类型，因此在方

法中的 accountType 参数将被初始化为 0，同时在控制器中执行 errors.hasErrors() 的结果为 true。可在控制器中执行 errors.getFieldError('accountType') 获取对应的错误信息。

如果 Action 的参数与请求的参数名字无法匹配，我们可以使用 @grails.web.RequestParameter 注解，强制关联 Action 参数与请求参数的对应绑定关系，代码 4.28 展示了该注解的使用方式，示例中的 mainAccountNumber 参数将与请求参数的 params.accountNumber 进行绑定。

```
import grails.web.RequestParameter

class AccountingController {

    // mainAccountNumber will be initialized with the value of
        params.accountNumber
    // accountType will be initialized with params.accountType
    def displayInvoice@(RequestParameter('accountNumber') String
        mainAccountNumber, int accountType) {
        // ...
    }
}
```

代码 4.28　使用 RequestParameter 强制关联参数

4.5.5　bindData() 方法

对请求参数进行批量绑定时，有时仅需要绑定一部分参数，有时需要避免将恶意的请求参数写入数据库。为了解决这个问题，我们可以通过使用 properties 限定绑定部分的参数，如代码 4.29 所示。

```
def p = Person.get(1)

p.properties['firstName','lastName'] = params
```

代码 4.29　使用 properties 限定绑定部分参数

同时，也可以使用命令对象（在 4.7 节中将介绍）过滤部分参数。而在实际场景中，我们使用更多的是 bindData() 方法，该方法允许开发者通过对细粒度的控制完成请求参数与模型的绑定，使用方式如代码 4.30 所示。我们可以看到，bindData() 方法不仅可以指定绑定哪些属性、不绑定哪些属性，而且可以根据参数名称的前缀进行绑定。

```
def p = new author()
bindData(p, params)

// binds request parameters to a target object
bindData(p, params)

// exclude firstName and lastName
bindData(p, params, [exclude: ['firstName', 'lastName']])

// only use parameters starting with "author." e.g. author.email
bindData(p, params, "author")
bindData(p, params, [exclude: ['firstName', 'lastName']], "author
    ")

// using inclusive map
// If an empty List is provided as a value for the include
    parameter then all fields will be subject to binding if they
    are not explicitly excluded.
bindData(p, params, [include: ['firstName', 'lastName']], "author
    ")
```

代码 4.30 使用 bindData 做数据绑定

开发人员还可以在模型定义时配置 bindable 属性，用来指定特定属性是否允许绑定，如代码 4.31 所示。

```
class Author {
    String firstName
    String lastName

    static constraints = {
        firstName bindable: false
    }
}
// ...
def author = Author.get(1)
author.properties = [firstName: 'William', lastName: 'Jack']

assert 'William' == employee.firstName
```

```
    assert 'Jack' == employee.lastName
```

代码 4.31 模型内限制属性是否可以使用 bindData

代码 4.31 中指定了 firstName 字段的 bindable 为 false，因此这个字段将不会被绑定。

这里需要注意的是 bindable 限制必须在模型定义文件内的 constraints 闭包中定义，并且指定的值必须是字面的 true 或 false，不能使用表达式。

4.6 XML 与 JSON 响应

在网络数据交互过程中，HTML 是最基础的数据格式，客户端浏览器可以直接解释并显示 HTML 页面，有很好的可读性，但是这种格式需要在生成页面的同时将数据加载到 HTML 文档，并不适用在异步获取、动态展示数据等数据交互过程中，因此产生了 XML 和 JSON 两种常用的数据格式。相比于 HTML，XML 和 JSON 两种格式更专注于数据本身，不关心页面的结构、展示形态，这正是数据交互过程中所需要的，因而能够高效、快速地完成数据获取。

XML 与 JSON 同是结构化数据标准，最大的不同则是 XML 中会对每一条元数据添加标签，最终得到标记文档；而 JSON 则以键值对的形式来记录数据，最终得到一个结构化的数据结构。所以相比 XML，JSON 可以使用更少的流量完成数据交互。虽然两者结构不同，但在 Grails 框架中都可以方便简洁地使用，在以下学习过程中我们可以进一步体验。

4.6.1 内容协商

在讲解响应格式之前，我们先了解 HTTP 请求中的内容协商。网络中的所有内容我们都称作资源，每个资源对应一个 URL，客户端通过访问 URL 来获取资源。但是不同场景下客户端需要获取不同展现格式的资源，因此出现了客户端和服务端协商资源展现格式的需求，内容协商机制就此产生。

内容协商的方式，即资源展现格式的选取，可以通过以下两种机制实现。

- 客户端在访问网络资源时，在特定位置设定所需要的展现格式，称为主动协商机制，该机制也是内容协商的标准方式。
- 服务端响应时，返回 300(Multiple Choice) 或者 406(Not Acceptable) 状态码，称为响应式内容协商机制，但是因为标准不完整和需要额外的请求，该机制没有被推广使用。

Grails 框架中内建支持主动协商机制，可以通过 HTTP 请求的 header、显式的格式请求参数或者 URL 的扩展名来指定所请求的资源展现格式。我们可以在 grails-app/conf/application.yml 配置文件中指定需要 Grails 框架支持的 MIME 类型，默认 Grails 框架可以支持很多常见类型，配置形式可以参考代码 4.32。

```yaml
grails:
mime:
    types:
        all: '*/*'
        atom: application/atom+xml
        css: text/css
        csv: text/csv
        form: application/x-www-form-urlencoded
        html:
          - text/html
          - application/xhtml+xml
        js: text/javascript
        json:
          - application/json
          - text/json
        multipartForm: multipart/form-data
        rss: application/rss+xml
        text: text/plain
        hal:
          - application/hal+json
          - application/hal+xml
        xml:
          - text/xml
          - application/xml
```

代码 4.32 指定 Grails 框架支持的 MIME 类型 -YAML 格式

如果配置文件使用的是 grails-app/conf/application.groovy，则默认的资源格式配置信息以 Map 形式提供，配置形式如代码 4.33 所示。

```groovy
grails.mime.types = [ // the first one is the default format
    all:             '*/*', // 'all' maps to '*' or the first
        available format in withFormat
    atom:            'application/atom+xml',
    css:             'text/css',
    csv:             'text/csv',
    form:            'application/x-www-form-urlencoded',
    html:            ['text/html','application/xhtml+xml'],
    js:              'text/javascript',
    json:            ['application/json', 'text/json'],
```

```
    multipartForm: 'multipart/form-data',
    rss:           'application/rss+xml',
    text:          'text/plain',
    hal:           ['application/hal+json','application/hal+xml'],
    xml:           ['text/xml', 'application/xml']
]
```

代码 4.33 指定 Grails 框架支持的 MIME 类型 –Groovy 格式

通过配置文件，Grails 框架会检索请求信息中是否包含某种格式的关键字，如果请求信息中包含“text/json”或者“application/json”，则返回的资源会以 JSON 格式展示。

4.6.2 使用 format 参数指定请求的内容格式

使用 format 参数指定请求内容格式是最方便的实现形式，而且与浏览器类型无关，稳定性最好，一般推荐使用这种形式。所以当我们需要服务器提供 XML 类型的资源时，可以构建以下形式的 URL：http://domain/books/list?format=xml。

服务端需要在对应的 Action 中指明对应格式的返回内容，可以使用 withFormat() 方法来指定请求不同格式时返回的内容，该方法的使用形式如代码 4.34 所示。

```
import grails.converters.JSON
import grails.converters.XML

class BookController {
    static scaffold = Book

    def list() {
        def books = Book.list()
        withFormat {
            html bookList: books
            json { render books as JSON }
            xml { render books as XML }
            '*' { render books as JSON }
        }
    }
}
```

代码 4.34 使用 withFormat() 方法指定返回数据格式

除在 URL 中指明 format 参数外，也可以在 UrlMappings.groovy 中指明该 URL 默认的

返回格式，在该文件中添加以下代码，可以访问http://domain/books/list 得到 XML 格式的内容（默认格式），配置代码如代码 4.35 所示。

```
"/book/list"(controller:"book", action:"list") {
    format = "xml"
}
```

代码 4.35　通过 UrlMappings 指定返回数据类型

在代码 4.34 中，html bookList: books 指明当访问的格式为 HTML 时，使用 grails-app/views/book/list.gsp，并将 bookList 模型参数传入 GSP 文件。如果指明格式为 JSON 或者 XML，则分别返回对应格式的内容。当请求的格式不是 JSON、XML、HTML 时，使用通配符 * 模块，返回 JSON 格式。如果不写通配符模块，在请求不明格式时以 withFormat() 方法中第一个类型返回。

4.6.3　使用 Accept header 指定请求格式

每个 HTTP 请求都有 Accept header，Accept header 定义了客户端希望请求得到的媒体类型（MIME type）。老版本浏览器和新版本浏览器遵循不同的规定，并且不同浏览器生成的 Header 中包含的内容不一，不能严格、明确指名所请求得到的媒体类型，因此服务端无法据此确定返回格式。而一般情况下，通过浏览器请求时期望得到 HTML 格式数据；在无浏览器模式下的请求多为特殊格式化数据。因此 Grails 框架忽略浏览器请求时设置的 Header，只关注非浏览器请求时的 Header，如在非浏览器请求时设置 application/json，则会得到 JSON 格式的数据。

Grails 框架忽略浏览器请求时默认添加的 Header 的配置为：`grails.mime.disable.accept.header.userAgents = ['Gecko', 'WebKit', 'Presto', 'Trident']`。

4.6.4　使用 URL 扩展名指定请求格式

在 Grails 框架中可以通过配置 URL Mapping 实现通过 URL 扩展名指定请求格式。在 UrlMapping.groovy 文件中，可以将默认的规则“/$controller/$action?/$id?”改为“/$controller/$action?/$id?(.$format)?”，然后我们可以通过 URL http://domain/books/list.xml 来获取 XML 格式的内容。

4.6.5　使用 respond 返回请求数据

前面我们介绍了使用内容协商和 withFormat() 方法来控制期望得到的内容格式，这里我们介绍使用 respond() 方法来实现。

代码 4.36 展示了使用 respond() 方法返回内容的示例，默认返回 HTML 格式。

```
class BookController {
    def index() {
        respond Book.list()
    }
}
```

代码 4.36　使用 respond() 方法返回内容

respond() 方法实际运行过程与内容协商过程相似。首先服务端会检查客户端发送请求的 Accept header，获得请求的媒体格式，比如 application/json；如果没有在 Accept header 中获得信息，则会通过 URL 的扩展名来获取信息。最后 respond() 方法会以合适的格式将内容返回。

如果没有定义返回格式，那么默认会以 HTML 格式返回，然而如果服务端作为 API，那么可以使用 responseFormats 来定义，配置方式如代码 4.37 所示。我们可以在控制器中定义 responseFormats，按照返回格式的优先级赋值，如果请求的 Accept header 中包含数据格式信息，则按照请求的格式返回；如果没有，则默认返回 responseFormats 的第一个数据格式。

```
class BookController {
    static responseFormats = ['json', 'html']
    def index() {
        respond Book.list()
    }
}
```

代码 4.37　使用 responseFormats 配置返回格式

4.6.6　使用 JSON Views 输出数据

除可以直接在控制器中输出 JSON 格式的数据外，还可以通过定义视图文件来展示返回的内容，即使用 Groovy 语言编写的以.gson 结尾的视图文件，位于 grails-app/views/ 目录下。比如我们可以定义 grails-app/views/index.gson 和 grails-app/views/index.gsp，如果通过 respond() 方法计算出使用 JSON 格式返回，则使用.gson 文件，如果计算得到使用 HTML 格式返回，则使用.gsp 文件。gson 文件示例如代码 4.38 所示，其中首行代码定义了参数 bookList 的默认值为 [ ]。该 gson 文件对应的控制器方法中的语句为 respond bookList: Book.list()。

```
@Field List<Book> bookList = []

json bookList, { Book book ->
```

```
        title book.title
    }
```

代码 4.38 gson 文件示例

4.6.7 使用 render() 方法返回 JSON

除以上两种方法外，我们可以使用 render() 方法输出 JSON 格式的数据，使用方式如代码 4.39 所示。

```
    def list() {

        def results = Book.list()

        render(contentType: "application/json") {
            books(results) { Book b ->
                title b.title
            }
        }
    }
```

代码 4.39 使用 render() 方法返回数据

对于整个系统架构来说，我们更建议使用 JSON Views 方式来得到 JSON 格式的内容，而不是与系统的逻辑部分混用。

4.7 命令对象

Grails 框架提供的数据绑定机制虽然很灵活、方便，但在某些场景下，请求的数据与模型并非一一对应。例如，应用程序的注册场景需要验证 password 和 confirmPassword 两个字段是否匹配，进而确保用户输入的密码正确。对于这种情况，我们并不希望在用户的模型中持久化存储明文的密码信息，但在对密码进行哈希前，需要对输入的密码及确认密码信息进行验证。为解决这一问题，Grails 框架提供了命令对象（Command Object），其通常与数据绑定结合使用，目的在于处理非模型字段的请求数据，并提供对应的验证。

4.7.1 定义命令对象

命令对象类为一个普通的类，可以将命令对象类定义在使用它的控制器文件中，如代码 4.40 所示，也可以将该类独立出来写在 grails-app/src 等目录下。命令对象的类名称无特殊规范要求，只要满足命名规则即可。

当命令对象类与使用它的控制器在同一个文件中定义时，框架会自动实现 grails.validation.Validateable 接口。Validateable 接口允许定义 constraints 来实现约束，类似模型中的约束。代码 4.40 中，类 RegisterCommand 有 3 个字段（用户名及两个密码字段），对应注册功能，其中用户密码验证的字段不存储在数据库中。在将参数绑定到该命令对象时，会根据 constraints 中的约束条件验证检查 password 与 confirmPassword 是否匹配。

```
class UserController {
    // ...
}

// 与UserController 定义在同一个文件中
class RegisterCommand {
    String username
    String password
    String confirmPassword

    static constraints = {
        password nullable: false, minSize: 8
        confirmPassword validator: { value, command ->
            return value == command.password
        }
    }
}
```

代码 4.40　控制器内定义命令对象

当然命令对象类也可以定义在控制器文件外，不过需要在定义时明确实现 grails.validation.Validateable 接口，如代码 4.41 所示。

```
// 定义在控制器文件外
class RegisterCommand implements grails.validation.Validateable {
    String username
    String password
    String confirmPassword

    static constraints = {
        password nullable: false, minSize: 8
        confirmPassword validator: { value, command ->
```

```
            return value == command.confirmPassword
        }
    }
}
```

代码 4.41 命令对象类定义在控制器文件外

通过 Validateable 接口定义的命令对象类中，属性字段为 java.util.Collection 或者 java.util.Map 时，字段默认的约束为 nullable: true，其他类型的字段默认为 nullable: false。如果需要设置字段的默认约束为 nullable: true ，可以在类中定义静态方法 defaultNullable ，如代码 4.42 所示，即表示所有的字段都可以为空。

```
class RegisterCommand implements grails.validation.Validateable {
    String username
    String password
    String confirmPassword

    static boolean defaultNullable() {
        true
    }
}
```

代码 4.42 设置字段默认是否可为空

4.7.2 使用命令对象

一个对象仅当其作为控制器中某个可访问方法的参数时，才会被认为是一个命令对象，与对象类名称无关。因此，要使用命令对象，我们需要在定义控制器的方法时指定任意个数的对象作为参数。其中的命令参数必须明确指定类型，以告知 Grails 框架如何初始化和创建命令对象。使用方式如代码 4.43 所示。

在控制器的 register() 方法执行之前，Grails 框架会自动创建 RegisterCommand 对象的实例，并通过请求参数绑定命令对象的属性，并在绑定参数的时候执行验证。在方法中通过 hasErrors 检查是否满足约束，如果不满足则需要处理错误消息。这里如果出现验证错误，会将错误信息传入页面，页面中可以通过 g:hasErrors 和 g:eachError 标签判断并显示错误信息。错误信息会根据 i18n 国际化配置文件中的内容显示给用户，通过 println(command.errors.allErrors*.codes) 查看每个错误对应的国际化文件中的编码（每个错误可以对应多个国际化编码，其优先级根据输出的顺序逐渐降低）。默认的错误信息中可以使用的参数通过 println(command.errors.allErrors*.arguments) 查看。我们可以根据项目需要选择出合适优先级的错误码，在 i18n 文件中定制该错误码对应的提示信息，以便提醒用户。

如果没有约束错误，可以通过数据绑定将命令对象与 User 模型匹配的属性字段进行绑定。

```
// 文件grails-app/controllers/myapp/UserController.groovy
class UserController {
    def register(RegisterCommand command) {
        // println(command.errors.allErrors*.codes)
            //查看错误信息对应的i18n代码
        // println(command.errors.allErrors*.arguments)
            //查看错误信息可以使用的参数
        if(command.hasErrors()) {
            render view: 'register', model: [errors: command.
                errors]
            // 直接写[errors:  command.errors]无法在GSP中使用hasErrors标签
            return
        } else {
            def user = new User(command)
            user.password = md5(command.password)
            if(user.save()) {
                flash.message =
                    "User ${command.username} registered."
                redirect action: 'login'
            } else {
                [username: command.username]
            }
        }
    }

    // 返回md5加密后的字符串
    def md5(String password) {
        // ...
    }
}

class RegisterCommand {
    // ...
}

// 文件grails-app/views/user/register.gsp, 显示错误信息
...
```

```
<g:hasErrors >
    <ul>
        <g:eachError var="err">
            <li><g:message error="${err}" /></li>
        </g:eachError >
    </ul>
</g:hasErrors >
...
```

代码 4.43 控制器方法中使用命令对象

另外需要注意的是，当命令对象的属性是一个模型对象且请求参数中包含 id 参数时，将通过模型的静态 get() 方法获取相应实例。如果在数据库中找不到对应记录或记录为空或查询过程中出现错误，那么对应的命令对象属性的值为 null，同时将错误信息附加给控制器的 errors 属性。当 HTTP 请求方法为 POST() 方法时，即使在请求参数中不包括 id 参数或包含 id 参数但找不到对应的实例，也会调用模型的构造方法创建实例。若查询到的模型实例不为空，则数据绑定仅发生在 HTTP 请求方法为 POST()、PUT() 或 PATCH() 方法时。

4.7.3 命令对象与请求参数名称

通常情况下，请求参数的名称将直接与 Command 对象中的属性字段进行匹配。嵌套参数也会根据对象的路由原则进行绑定，如代码 4.44 所示。

```
class StoreController {
    def buy(PersonCommand buyer) {
        // ...
    }
}

class PersonCommand {
    String name
    Address address
}

class Address
   {String cit
   }
```

代码 4.44 存在嵌套参数时命令对象的数据绑定

在代码 4.44 中，请求参数中的 name 参数将与 PersonCommand 对象中的 name 字段进行绑定。请求参数中的 address.city 参数将与 PersonCommand 对象中的 address 字段的 city

属性进行绑定。

如果控制器的方法接收多个命令对象，并且命令对象有同名属性时，Grails 框架将会出现无法识别的问题，如代码 4.45 中 PersonCommand 和 PersonCommand 都包含变量 name。当请求传入 name 参数时，Grails 框架将无法识别当前的 name 参数应该与 PersonCommand 或 ProductCommand 中的 name 绑定。

```
class StoreController {
    def buy(PersonCommand buyer, ProductCommand product) {
        // ...
    }
}

class PersonCommand {
    String name
}

class ProductCommand {
    String name
}
```

代码 4.45　多个命令对象包含相同的变量名称

同样的问题也会出现在控制器的方法接收了两个类型一样的命令对象参数上，如代码 4.46 中的 buyer 和 seller。

```
class StoreController {
    def buy(PersonCommand buyer, PersonCommand seller) {
        // ...
    }
}

class PersonCommand {
    String name
}
```

代码 4.46　方法中接收两个同类型的命令对象

为了解决这一问题，Grails 框架约定使用特殊的规则以处理请求参数与 Command 属性的映射问题。Grails 框架将把以参数名称为开头的请求参数绑定到对应的命令对象。如把请求参数 product.name 与 product 的 name 属性进行绑定，同理，buyer.name 和 seller.name 将分别与 buyer 和 seller 对应的命令对象进行绑定。

4.7.4 命令对象与请求体绑定

当控制器中方法的参数为命令对象且当前请求包含请求体（body）时，Grails 框架将根据请求体的内容类型解析，并使用请求体中的数据与命令对象进行绑定。如代码 4.47 所示，我们创建了 createWidget() 方法，然后使用 curl 命令访问该方法，如代码 4.48 所示，可见得到的返回结果为请求体中传递的数据。但是当请求方法为 GET() 或 DELETE() 或请求体内容为空时，请求体不会被解析。

```
class DemoController {
    def createWidget(Widget w) {
        render "Name: ${w?.name}, Size: ${w?.size}"
    }
}

class Widget {
    String name
    Integer size
}
```

代码 4.47 定义 createWidget() 方法

```
# POST请求，可以被解析
$ curl -X POST -H "Content-Type: application/json" -d '{"name":"
   Some Widget", "size":"42"}' localhost:8080/demo/createWidget
Name: Some Widget, Size: 42
# GET请求，不会被解析
$ curl -X POST -H "Content-Type: application/json" -d '{"name":"
   Some Widget", "size":"42"}' localhost:8080/demo/createWidget
Name: null, Size: null
# XML数据格式
$ curl -X POST -H "Content-Type: application/xml" -d '<widget>
  <name>Some Other Widget</name><size>2112</size></widget>'
  localhost:8080/bodybind/demo/createWidget
Name: Some Other Widget, Size: 2112
```

代码 4.48 使用 curl 命令访问 createWidget() 方法

4.8 异常处理

Grails 框架的控制器可以定义通用的异常处理方法，用来捕获异常。异常捕获方法可以接收 java.lang.Exception 类及其子类，并在整个控制中处理异常行为。代码 4.49 中即定义了多个异常捕获的方法，如 handleSQLException()、handleBatchUpdateException()、handleNumberFormatException() 方法，在业务处理过程中无须考虑显式异常处理，并且每个异常处理的方法都可以定制输出、页面显示甚至跳转等所有控制器方法可以执行的动作。

```
class DemoController {

    def someAction() {
        // do some work
    }

    def handleSQLException(SQLException e) {
        render 'A SQLException Was Handled'
    }

    def handleBatchUpdateException(BatchUpdateException e) {
        redirect controller: 'logging', action: 'batchProblem'
    }

    def handleNumberFormatException(NumberFormatException nfe) {
        [problemDescription: 'A Number Was Invalid']
    }
}
```

代码 4.49 控制器中定义异常处理方法

框架中根据方法接收的参数类型来判断是否定义了异常处理方法，而方法的名称可以为任意可用的名称，比如我们可以定义 sqlError(SQLException e) 方法来捕获 SQLException 异常。

为了实现异常处理代码的共用，我们可以利用 Groovy 语言的 trait 特性。如代码 4.50 所示，我们定义 DatabaseExceptionHandler ，每个控制器可以实现该特征，如代码 4.51 所示，以此来实现异常处理，该异常捕获代码可以在编译过程中添加到控制器。

```
//file: src/main/groovy/com/demo/DatabaseExceptionHandler.groovy
trait DatabaseExceptionHandler {
    def handleSQLException(SQLException e) {
```

```
        // handle SQLException
    }

    def handleBatchUpdateException(BatchUpdateException e) {
        // handle BatchUpdateException
    }
}
```

代码 4.50　定义通用的异常处理方法

```
class DemoController implements DatabaseExceptionHandler {

    // all of the exception handler methods defined
    // in DatabaseExceptionHandler will be added to
    // this class at compile time
}
```

代码 4.51　控制器继承 trait

4.9　URL 映射

在 Grails 框架中默认的 URL 构成规则为/controller/action/id，我们可以通过更改 grails-app/controllers/mypackage/UrlMappings.groovy 文件来定义 URL 映射（URL Mapping），配置适用的 URL 形式。UrlMappings 类中唯一包含一个 mappings 的静态变量，URL 的映射规则在其中定义，默认的定义如代码 4.52 所示。

```
class UrlMappings {
    static mappings = {
        "/$controller/$action?/$id?(.$format)?"{
            constraints {
                // apply constraints here
            }
        }

        "/"(view:"/index")
    }
}
```

代码 4.52　默认的 UrlMapping

4.9.1 控制器与方法的映射

创建 URL 映射即编写请求 URL 与控制器、方法的对应关系。如代码 4.53 所示，创建映射时将 URL 中路径名称作为方法名称，即 "products" ，控制器、方法（指控制器中的 Action）的名称作为参数，如 controller: "product", action: "list" 。该映射实现后，访问http://domain/products，则会调用 ProductController 下的 list() 方法。

```
class UrlMappings {
    static mappings = {
        "/products"(controller: "product", action: "list")
        // 也可以通过以下方式来定义，效果相同
         "/products" {
            controller = "product"
            action = "list"
         }
    }
}
```

代码 4.53　添加一个映射关系

如果 Action 参数为当前控制器的默认方法，则可以省略该参数，默认方法可以在控制器中通过 static defaultAction = "list" 定义。

若在业务逻辑中包含多种特定路径的访问，那么我们可以使用 group 对这些路径进行统一定义，如代码 4.54 中的 group "/product"。

```
    group "/product", {
        "/apple"(controller:"product", id:"apple")
        "/htc"(controller:"product", id:"htc")
    }
    // 也可使用以下方式定义
     group "/store", {
          group "/product", {
              "/$id"(controller:"product")
          }
     }
```

代码 4.54　使用 group 定义映射关系

如果 URL 映射到其他非控制器方法，那么我们可以明确指定，如 "/hello" (uri:"/hello.dispatch")

4.9.2 使用 URL 映射进行重定向

Grails 2.3 之后的版本可以通过 URL 映射来实现重定向。当发起符合规则的请求时便可以进行转发和重定向。在定义重定向时，需要指定 uri 或者指定 controller 和 action，代码 4.55 中即使用关键字 redirect 实现重定向功能。

```
"/viewBooks"(redirect: [uri: '/books/list'])
"/viewAuthors"(redirect: [controller: 'author', action: 'list',
    keepParamsWhenRedirect: true])
"/viewPublishers"(redirect: [controller: 'publisher', action: '
    list', permanent: true])
```

代码 4.55 添加重定向规则

在重定向时，我们可以使用 keepParamsWhenRedirect() 方法实现带参数的重定向，默认情况下为不带参数的重定向。

4.9.3 绑定变量

之前讲到的映射规则都是明确的、具体的 URL，在实际使用过程中，我们还可以根据变量确定映射的规则。URL 中使用/ 来分割字符串序列，如果每个字符串序列都是明确和固定的，之前的转发规则就可以实现。但是有时我们需要使用更加复杂的规则，每个字符串序列不固定，但分别代表固定的含义，比如/blog/year/month/day/id，其中每个片段代表不同的含义，而且取值不固定，因此在映射过程中需要将每个片段转换为参数，以便在后继业务功能中使用。绑定变量则是 URL 片段和变量之间转换的过程。

1. 常规变量

将 URL 片段转换为参数，形式如代码 4.56 所示。

```
static mappings = {
    "/product/$id"(controller: "product")
}
```

代码 4.56 URL 映射中绑定参数

通过将第二个片段改为 $id，可以默认将对应的内容转换为参数，控制器中可以使用 params.id 来访问。对于/blog/year/month/day/id 这样的形式，可以使用 "/$blog/$year/$month/$day/$id"(controller: "blog", action: "show") 来转化，通过 params.year 等形式来访问参数。

2. 动态定制控制器和方法

在 URL 映射的底层，系统使用的是变量转化，其实默认表达式为 "/$controller/$action?/$id?"()，controller、action、id 这些参数是通过解析嵌入 URL 中的字段得到的。我们也可以添加逻辑控制，更灵活地实现映射，如代码 4.57 所示。

```
static mappings = {
    "/$controller" {
        action = { params.goHere }
    }
}
```

代码 4.57 动态定制控制器和方法

3. 可选参数

使用? 可以标记某个 URL 片段为可选的，以此构建更加灵活的链接形式，如代码 4.58 所示。

```
static mappings = {
    "/$blog/$year?/$month?/$day?/$id?"(controller:"blog", action:"
      show")
}
// 可以匹配到的URL
// /graemerocher/2007/01/10/my_funky_blog_entry
// /graemerocher/2007/01/10
// /graemerocher/2007/01
// /graemerocher/2007
// /graemerocher
```

代码 4.58 添加可选参数

4. 可选文件扩展名

如果需要解析 URL 路径中的扩展名，可以使用 "/$controller/$action?/$id?(.$format)?"() 来定义映射，如代码 4.59 所示。可以通过 response.format 获取 format 参数。添加扩展名一般用来指定希望得到的响应内容格式。如前面讲到的获取 JSON 和 XML 格式的内容。

```
class UrlMappings {
    static mappings = {
        "/$controller/$action?/$id?(.$format)?"{
```

```
                constraints {
                    // apply constraints here
                }
            }
        }
}
```

代码 4.59 在 UrlMappings 中添加文件扩展名

5. 附加变量

通过外部访问，有些变量不会被显式提供，可以在映射中添加。同时可以添加参数的处理逻辑，在运行时动态赋值，如代码 4.60 所示。

```
"/holiday/win" {
    id = "Marrakech"
    year = 2007
    // 可以添加参数处理逻辑
    // id = { params.id }
    // isEligible = { session.user != null } // must be logged in
}
```

代码 4.60 在 URL 映射中添加附加变量

4.9.4 视图以及请求、响应映射

1. 映射到 View

可以通过配置路径，将 URL 映射到特定的 View 页面，而无须经过控制器和方法。如将根路径映射到 grails-app/views/index.gsp 页面："/"(view: "/index")，也可以映射到某个控制器下的页面："/help"(controller: "site", view: "help")。

2. 状态码映射

Grails 框架可以将状态码映射到指定的控制器和方法，定义时将状态码作为方法名称，以控制器和方法作为参数即可，或者仅映射到错误页面，如代码 4.61 所示。

```
static mappings = {
    // 映射到具体action
    "403"(controller: "errors", action: "forbidden")
    "404"(controller: "errors", action: "notFound")
    // 添加异常捕获
```

```
        "500"(controller: "errors", action: "illegalArgument",
         exception: IllegalArgumentException)
        // 其他500错误映射到错误页面
        "500"(view: "/errors/serverError")
}}
```

代码 4.61 状态码映射

对于非正常的状态码，还可以在映射中定义异常捕获，如 "500"(controller: "errors", action: "illegalArgument", exception: IllegalArgumentException)，当返回 500 错误并且服务器异常类型为 IllegalArgumentException 时，调用 illegalArgument() 方法进行捕获，在该方法中，可以通过 def exception = request.exception 来获取传递来的异常。而如果在 illegalArgument() 方法中发生异常，为了避免进入循环，可以使用 StackOverflowException() 结束该方法。

3. HTTP 方法映射

在 RESTful 架构风格中，使用了 GET、POST、PUT 、DELETE 等 HTTP 方法，对于同一个 URL，不同的方法对应不同的功能，因此在 RESTful APIs 中根据方法类型来进行映射会使得架构更加简单清晰，如代码 4.62 所示。

```
static mappings = {
    "/product/$id"(controller:"product", action: "update", method
        : "PUT")
    "/product/$id"(controller:"product", action: "show", method: "
        GET")
    "/product/$id"(controller:"product", action: "delete", method
        : "DELETE")
}
```

代码 4.62 根据请求方法进行映射

在代码 4.62 中，我们对不同的 method 进行了不同的映射。需要注意的是，在使用了映射之后，用 g:link 或者 g:createLink 生成链接的时候，需要将请求方法考虑在内，传入 method 参数。

4.9.5 映射中的 URL 通配符

Grails 框架映射机制中，可以使用通配符来处理符合条件的 URL。如使用 "/images/*.jpg"(controller: "image") 对形如 imageslogo.jpg 的请求映射到 image 控制器，可以使用 "/images/$name.jpg"(controller: "image") 获取具体的路径名称。也可以使用 "/images/**.jpg"(controller: "image") 来处理形如 imagespathlogo.jpg 的请求映射，适配的是一级

或多级目录的结构，此时获取路径名称需要使用 "/images/$name**.jpg"(controller: "image")，将得到 logo 或者 other/logo。

4.9.6　链接自动重写

在使用 URL 映射后，原来代码中使用 g:link 等标签生成的链接应该满足 URL 映射规则，在 Grails 框架中实现了自动定制 link 标签的功能，无须对原有使用方式进行更改。如我们使用 "/$blog/$year?/$month?/$day?/$id?"(controller:"blog", action:"show") 作为映射规则，在代码中无须改变 g:link 使用形式，即可生成如 <a href="/fred/2007">My Blog</a>，<a href="/fred/2007/10">My Blog - October 2007 Posts</a> 形式的链接，如代码 4.63 所示。

```
<g:link controller="blog" action="show"
    params="[blog:'fred', year:2007]">
    My Blog
</g:link>

<g:link controller="blog" action="show"
        params="[blog:'fred', year:2007, month:10]">
    My Blog - October 2007 Posts
</g:link>
```

代码 4.63　链接自动重写

4.9.7　映射中添加约束

URL 映射中也支持 Grails 框架的验证约束机制，可以在映射规则中添加参数的验证机制。如对 "/$blog/$year?/$month?/$day?/$id?"(controller:"blog", action:"show") 添加验证规则，如代码 4.64 所示。

```
"/$blog/$year?/$month?/$day?/$id?" {
    controller = "blog"
    action = "show"
    constraints {
        year(matches:/\\\d{4}/)
        month(matches:/\\\d{2}/)
        day(matches:/\\\d{2}/)
    }
}
```

代码 4.64　映射中添加约束

可以只映射符合规则的 URL，对不符合规则的 URL 进行过滤，可以减少后继参数有效性的判断。

4.10 拦 截 器

Grails 3.0 之后的版本框架对拦截器（Interceptors）的功能进行了大幅改进，尤其是添加了静态编译功能。由于每次请求都会执行拦截器，因此静态编译的引入明显地提升了运行效率。与 Filter 依赖于 servlet 容器不同，拦截器依赖于 Spring MVC 框架，能够请求过程中的多个运行节点进行拦截。Grails 框架中的拦截器可以实现 before()、after()、afterView() 方法，分别对应请求方法执行前、请求方法执行后且返回响应信息前、返回响应信息后 3 个时间点执行。

Grails 框架拦截器创建命令为 grails create-interceptor MyInterceptor，创建的拦截器文件默认在 grails-app/controllers 目录下。如创建 BookInterceptor，则默认与 BookController 匹配，在请求该控制器时将触发拦截器。文件内容默认如代码 4.65 所示。

```
class BookInterceptor {
    boolean before() { true }
    boolean after() { true }
    void afterView() {
        // no-op
    }
}
```

代码 4.65　创建拦截器

创建拦截器后，执行顺序为“before() -> 目标 Action -> after() ->0 目标 Action 返回响应信息，请求结束 -> afterView()”，拦截器中 before()、after() 方法只有返回 true 时，对应的后继方法才可执行，否则将中断。

在 after() 方法中可以修改 view 和 model 参数，来定制即将返回的响应信息，如代码 4.66 所示。

```
boolean after() {
    model.foo = "bar" // add a new model attribute called 'foo'
    view = 'alternate' // render a different view called '
       alternate'
    true
}
```

代码 4.66　在拦截器中修改参数

4.10.1 拦截条件配置

默认情况下，拦截器自动与具有相同名称的控制器匹配，如拦截器名称为 BookInterceptor ，那么所有发送到 BookController 的请求都会被拦截器拦截，并且仅仅拦截该控制器中的请求。如果希望该拦截器能够拦截其他的请求，可以通过 match 和 matchAll 来定义，如代码 4.67 所示。

```
class AuthInterceptor {
    AuthInterceptor() {
        // 拦截所有除LoginController的请求
        matchAll().excludes(controller:"login")
    }

    boolean before() {
        // perform authentication
    }
}
```

代码 4.67 通过 matchAll 配置拦截条件

也可以使用 match 来添加希望拦截的请求，也可以使用正则表达式对请求进行匹配，如代码 4.68 所示。

```
class LoggingInterceptor {
    LoggingInterceptor() {
      match(controller:"book", action:"show") // using strings
      match(controller: ~/(author|publisher)/) // using regex
    }

    boolean before() {
      ...
    }
}
```

代码 4.68 通过 match 配置拦截条件

match 可以对命名为 controller、namespace、action、method 以及 uri 的参数进行匹配。其中 uri 参数默认为当前请求的参数部分，如请求为http://domain/mycontroller/myaction?id=AB&name=NAME，默认的 uri 则为 id=ABB&name=NAME。如果请求的参数中已经有

名为 uri 的参数，如 http://domain/mycontroller/myaction?id=ABB&uri=anotheraction/id=YY，则得到的 uri 值为 anotheraction/id=YY 而不是 id=ABB&uri=anotheraction/id=YY。

4.10.2 拦截器优先级配置

通过设置请求匹配条件，同一条请求有可能被多个拦截器拦截，此时需要明确对拦截器的执行顺序。我们通过配置 order 参数，设置拦截器优先级，对请求拦截之后，满足条件的拦截器会使该参数按照升序排序，并按照顺序执行，即参数值最小的执行优先级最高，参数值最大的执行优先级最低，常量 HIGHEST_PRECEDENCE、LOWEST_PRECEDENCE代表最高优先级和最低优先级，如代码 4.69 所示。

```
class AuthInterceptor {
    int order = HIGHEST_PRECEDENCE
}
```

代码 4.69 通过常量配置拦截器优先级

为了更加直观地体现出执行顺序，在配置两个拦截器优先级时，建议使用以上两个常量 (HIGHEST_PRECEDENCE, LOWEST_PRECEDENCE) 作为基数，进行加法或者减法运算，如 int order = HIGHEST_PRECEDENCE + 50。

Grails 框架中不仅可以在拦截器类中定义优先级，也可在配置文件中配置拦截器默认的优先级，编辑 grails-app/conf/application.groovy 或 grails-app/conf/application.yml 文件，添加节点内容，如代码 4.70 所示。

```
beans {
    authInterceptor {
        order = 50
    }
}
```

代码 4.70 通过参数配置拦截器优先级

同时可以通过配置日志来查看编译后的优先级，在 logback.groovy 文件中添加 logger 'rails.artefact.Interceptor', DEBUG, ['STDOUT'], false，可以得到拦截器优先级相关日志。

4.11 本章小结

在基于 MVC 架构的 Web 服务应用中，控制器是服务器与用户客户端交互的接收器，Grails 框架通过将控制器与模型、视图文件进行默认关联，便捷地实现了数据绑定、指定响应数据格式和异常处理。提供的重定向、链式响应、URL 映射等功能可以灵活地满足各种业务处理的需要。同时高度可定制化的拦截器规则便于针对特定请求进行预处理。本章对以上各项功能进行了相对深入的介绍，读者可以根据各自业务模型建立合适的请求处理过程与响应形式，建议读者通过实践进一步体会以上功能。

第 5 章 GSP页面展示

Groovy Server Pages(GSP) 是 Grails 框架提供的一种显示技术，其使用方式与 ASP、JSP 类似，但是更加灵活、直观，开发者可以快速学习并使用这种技术。本章对 GSP 进行介绍。

5.1 GSP 基 础

相对于之前版本中 GSP 作为 Grails 框架核心部分，Grails 3.3 之后 GSP 以独立插件的形式存在，使用时需要在 build.gradle 文件中引入，如代码 5.1 所示。

```
apply plugin:"org.grails.grails-gsp"
dependencies {
    ...
    compile "org.grails.plugins:gsp:4.0.0"
}
```

代码 5.1 引入插件 GSP

Grails 框架中 GSP 文件存放在 grails-app/views 目录下，一般可以通过 render() 方法来引用：render(view: "index") 。GSP 文件是使用 GSP 标签进而辅助前端显示的标记语言文件，并且可以嵌入 Groovy 语句实现部分业务逻辑，但并不建议这样做，在编写代码时应尽量将业务逻辑与页面显示分开，避免混合在一起，这样业务系统结构才能清晰，便于后继维护。

在生成显示页面的时候，GSP 可以接收一些参数，这些参数通常放在 model 参数集合中，该参数集合可以从控制器传递到 GSP 页面。例如控制器中使用代码 5.2 所示的代码块，传递的是 book 参数。show() 方法中将 Book 实例存入 Map，该 Map 对应 GSP 文件的 model 参数，GSP 文件可以通过 ${book.title}获取 Book 名称并显示该名称。

```
def show() {
```

```
        [book: Book.get(params.id)]
    }
```

代码 5.2　传递参数到 GSP

为了防止 XSS 攻击，需要额外注意用户输入的数据。例如在将用户输入的数据重新显示在页面上时，为了避免脚本注入等危险发生，需要对数据进行处理，常见的处理有关键字过滤、特殊符号转义等。

1. 基本语法

GSP 中支持使用符号 <% %> 引用 Groovy 代码块，如代码 5.3 所示，语句 <% out << "Hello GSP! " %> 可以将字符串输出到页面。

```
<html>
    <body>
        <% out << "Hello GSP!" %>
    </body>
</html>
```

代码 5.3　使用 Groovy 语句将字符串输出到 GSP 页面

也可以使用等号输出数值，如 <%= "Hello GSP! " %>。同时 GSP 支持服务端的注释方式，其形式如 <%– This is my comment –%>。

同样，在页面显示过程中，如果使用 Groovy 代码直接将用户输入的内容进行显示会存在 XSS 风险，因此使用过程中需要特别注意。

2. 变量定义

与引用 Groovy 代码块相同，可以在 <% %> 中添加变量定义，如定义日期：<% now = new Date() %> ，在该页面定义完成之后，便可在后继代码中进行访问：<%=now%>。

在 GSP 文件中，可以使用的系统环境变量如下。

- **application**: javax.servlet.ServletContext 实例。
- **applicationContext**: Spring ApplicationContext 实例。
- **flash**: flash 对象。
- **grailsApplication**: GrailsApplication 实例。
- **out**: 响应输出流。
- **params**: 本次请求发起时的参数。
- **request**: HttpServletRequest 实例。
- **response**: HttpServletResponse 实例。
- **session**: HttpSession 实例。
- **webRequest**: GrailsWebRequest 实例。

3. 逻辑控制与迭代

逻辑控制与迭代是通过 Groovy 代码实现的，因此控制语句需要放在 <% %> 中，如代码 5.4 所示。

```
<html>
    <body>
    <%--循环--%>
    <% [1,2,3,4].each { num -> %>
        <p><%="Hello ${num}!" %></p>
    <%}%>
    <%--逻辑判断--%>
    <% if (params.hello == 'true')%>
        <%="Hello!"%>
        <% else %>
        <%="Goodbye!"%>
    </body>
</html>
```

代码 5.4　GSP 中的控制语句

4. Page 指令

GSP 页面中支持类似 JSP 的 Page 指令。可以使用 import 指令引入类，因为在 GSP 中默认引入了常用的类，所以正常使用时很少需要手动引入类。

指令如 <%@ page import= "java.awt.* " %> 。

GSP 也支持设置 contentType，如 <%@ page contentType= "application/json " %> ，可以实现使用 GSP 控制返回的格式。

5. 表达式

表达式可以使用上文提到的 <%= %> 表示，也可以通过 $expr 这种 GString 形式来表示，我们可以在其中填写任意的 Groovy 表达式。如代码 $flash.message 可以显示 flash 信息，代码 $params 可以将参数信息输出。

5.2　GSP 标 签

5.1节中我们提到了多种表达式，形式与 JSP 类似，但是在 GSP 中，我们应该首选内建的标签来实现。

所有内建的标签都以 g: 形式使用，并且不需要做额外的引用，所有以 g: 开头的标签默认为 GSP 标签，其使用形式为 <g:example /> 或者 <g:example>...</g:example>。

在标签中可以传入属性，如 <g:example attr= "$new Date() ">，也可以传入 Map 类型参数，多用于命名参数形式：<g:example attr= "$new Date() " attr2= "[one:1, two:2, three:3] ">。需要注意的是，在属性值中，需要使用单引号表示字符串，如 <g:example attr= "$new Date() " attr2= "[one: 'one ', two: 'two '] ">。

5.2.1　GSP 标签基本用法

对于 GSP 语法中的各种操作，Grails 框架都进行了封装，可以通过标签的形式使用这些操作。

1. 变量与领域对象

变量定义对应的标签为 set，如 <g:set var= "now " value= "$new Date() " />，可以将 GSP 表达式 new Date() 赋值给变量 now，也可以将 g:set 标签的内容赋值给变量，如代码 5.5 所示，变量 myHTML 的值被赋为 Some re-usable code on: $new Date() 。

```
<g:set var="myHTML">
    Some re-usable code on: ${new Date()}
</g:set>
```

代码 5.5　在 GSP 中设置变量

同时也可以使用 set 标签获取 applicationContext 中的类，如 <g:set var="bookService" bean="bookService" /> 。

GSP 文件中定义的变量也可以置于如 page、request 等领域对象中，使用属性 scope 指定领域对象：<g:set var= "now " value= "$new Date() " scope= "request " />，可以使用的领域对象包括 page、request、flash、session、application。

2. 逻辑控制与迭代

GSP 标签中使用 g:if、g:elseif、g:else 实现逻辑控制，使用 g:each、g:while 实现迭代循环。示例如代码 5.6 所示，其中使用参数 test 来传递判别表达式。

```
<g:if test="${session.role == 'admin'}">
    <%-- show administrative functions --%>
</g:if>
<g:else>
    <%-- show basic functions --%>
</g:else>

<g:each in="${[1,2,3]}" var="num">
    <p>Number ${num}</p>
```

```
    </g:each>

    <g:set var="num" value="${1}" />
    <g:while test="${num < 5 }">
        <p>Number ${num++}</p>
    </g:while>
```

代码 5.6　使用标签实现逻辑控制

3. 搜索与过滤

在页面上显示对象集合的过程中可以使用 g:findAll 和 g:grep 对集合中元素进行排序和过滤。代码 5.7 展示的是使用 findAll 标签进行元素查询，其中 expr 属性中包含 Groovy 表达式，用于过滤所需的对象。g:grep 也可完成相似功能，代码 5.8 所示为使用 grep 标签进行元素查询，可见两者使用方式基本一致。

```
Stephen King's Books:
<g:findAll in="${books}" expr="it.author == 'Stephen King'">
    <p>Title: ${it.title}</p>
</g:findAll>
```

代码 5.7　GSP 中使用 findAll 标签进行元素查询

```
<%-- 通过类名查找 --%>
<g:grep in="${books}" filter="NonFictionBooks.class">
    <p>Title: ${it.title}</p>
</g:grep>
<%-- 使用正则表达式查找 --%>
<g:grep in="${books.title}" filter="~/.*?Groovy.*?/">
    <p>Title: ${it}</p>
</g:grep>
```

代码 5.8　GSP 中使用 grep 标签进行元素查询

4. 链接生成

GSP 中使用 g:link 来生成链接，这个标签可以根据设置的 Controller 和 Action 名称，依照 URL 映射规则来生成对应的链接，使用方式如代码 5.9 所示，注释的每一行均为上一行代码输出的内容。

```
<g:link action="show" id="1">Book 1</g:link>
<%-- <a href="/book/show/1">Book 1</a> --%>

<g:link action="show" id="${currentBook.id}">${currentBook.name}</
    g:link>
<%-- <a href="/book/show/id">name</a> --%>

<g:link controller="book">Book Home</g:link>
<%-- <a href="/book">Book Home</a> --%>

<g:link controller="book" action="list">Book List</g:link>
<%-- <a href="/book/list">Book List</a> --%>

<g:link url="[action: 'list', controller: 'book']">Book List</g:
    link>
<%-- <a href="/book/list">Book List</a> --%>

<g:link params="[sort: 'title', order: 'asc', author: currentBook.
    author]"
        action="list">Book List</g:link>
<%-- <a href="/book/list?sort=title&amp;order=asc&amp;author=
    author">Book List</a> --%>
```

代码 5.9　生成链接地址

5. 表单与字段

GSP 中基本的表单标签是 g:form，该标签可以辅助生成 HTML 代码并将表单内容提交到相应的方法。通过代码 5.10 可知，标签中可以直接指定控制器、方法，如 save() 方法；也可以用参数的形式指定，如 show() 方法。

```
<g:form name="myForm" controller = 'book' action='save'>
...
</g:form>
<g:form name="myForm" url="[controller:'book',action:'show']">
...
</g:form>
```

代码 5.10　form 标签的使用

为了快速构建 Form，GSP 中提供了以下一些基本标签来对应不同数据类型的字段。

- **textField**: 处理文本类型的输入，HTML 中对应 text。
- **passwordField**: 处理密码输入，对应类型为 password。
- **checkBox**: 对应 checkbox。
- **radio**: 对应 radio。
- **hiddenField**: 对应 hidden。
- **select**: 对应 select。

每个标签都可以通过参数 value 初始化输入的内容，如 <g:textField name="myField" value="$myValue "/>可以将该输入框的默认值设定为 myValue 。

默认情况下单击“提交”按钮会将填写的内容提交到表单定义时指定的控制器和方法，但 GSP 也可以使用标签 g:actionSubmit 来重新指定接收表单的方法。当设定 g:actionSubmit 标签的 Action 参数后，表单将提交到该 Action，而不是 g:form 标签中定义时指定的 Action。

5.2.2 调用标签

对于 GSP 中定义的标签，我们除了可以将它作为常规标签使用外，还可以以方法的形式在控制器、标签库以及 GSP 文件中调用它。GSP 插件中标签的命名空间为 g，返回结果为 StreamCharBuffer 对象，与 String 相似。如代码 5.11 所示，标签 createLinkTo 即以方法的形式被调用。

```
<img src="${createLinkTo(dir: 'images', file: 'logo.jpg')}" />
```

代码 5.11 GSP 文件中以方法的形式调用标签

在 Controller 和 Taglib 中使用时以方法的形式调用即可，如代码 5.12 所示。

```
def imageLocation = createLinkTo(dir:"images", file:"logo.jpg").
    toString()
def imageLocation = g.createLinkTo(dir:"images", file:"logo.jpg").
    toString()
def editor = fckeditor.editor(name: "text", width: "100%", height
    : "400")
```

代码 5.12 类文件中调用标签

在使用时为了避免与其他插件中的方法冲突，可以在方法前添加命名空间 g，如果使用的是定制的标签，有自己的命名空间，则应使用其对应的命名空间名称，如代码 5.12 中使用命名空间 fckeditor 中的 editor 标签。

5.3　视图与模板

Grails 框架添加了模板（Template）的概念，可以对视图中的内容进行拆分，提高代码重用率并且便于代码维护。

GSP 中的模板文件命名以 _ 作为前缀，例如我们可以创建文件 grails-app/views/book/_bookTemplate.gsp，并编辑文件内容，如代码 5.13 所示。

```
<div class="book" id="${book?.id}">
    <div>Title: ${book?.title}</div>
    <div>Author: ${book?.author?.name}</div>
</div>
```

代码 5.13　创建模板文件

模板文件通过 render 标签引用：<g:render template= "bookTemplate " model=" [book: myBook] " />。

引用时我们将 book 参数传递到模板文件。如果我们需要对每个 book 实例使用该模板，可以通过 <g:render template="bookTemplate " var="book" collection="$bookList "/>的形式使用，其中使用了参数 collection 。

5.3.1　共享模板

以上实例中我们使用的模板是针对 BookController 的，文件所在位置为该控制器对应的视图文件夹 grails-app/views/book ，如果我们希望模板文件可以在多个控制器中使用，可以将模板文件放在统一的目录下，如 grails-app/view/shared/，在引用时将模板路径补全：<g:render template= "/shared/mySharedTemplate " />。

共享模板虽然放在了统一的路径下，但是只要我们在使用时指定路径，任何路径下的模板都可以被引用，如 <g:render template= "/book/bookTemplate " model= "[book: myBook] " />。

考虑到模板的使用比较频繁，所以插件提供了模板引用标签 tmpl ，可以方便地调用模板文件，使用方式如代码 5.14 所示。

```
<g:render template="bookTemplate" model="[book: myBook]" />
<tmpl:bookTemplate book="${myBook}" /> <%-- 等同于上一语句 --%>
<g:render template="/shared/mySharedTemplate" />
<tmpl:/shared/mySharedTemplate /> <%-- 等同于上一语句 --%>
```

代码 5.14　使用 tmpl 引入模板

5.3.2 在控制器中使用模板

在前后端分离的系统开发模式中，前端多会使用大量的 JavaScript 来获取数据，此时后端可以输出 JSON 或者 XML 格式化数据，也可以通过模板输出 HTML 用作响应数据，供前端页面渲染。如代码 5.15 所示，通过 render() 方法可以直接将生成的 HTML 作为响应内容返回，也可以通过 String content = g.render(template: "bookTemplate ", model:[book:b]) 来得到字符串形式的数据。

```
def bookData() {
    def b = Book.get(params.id)
     render(template:"bookTemplate", model:[book:b])
}
```

代码 5.15 使用 render() 方法返回根据模板生成的结果

5.4 布　　局

在编写页面程序的时候，为了保证整个网站风格统一，往往会有一些共性的内容，每个页面单独编写会使代码冗余、重复，也不便于调整修改，因此开发了装饰器（Decorator）这个组件，该组件可以将页面共有的元素包装在一起，不需要单独编写每个页面文件，实现了布局（Layout）和页面显示逻辑的解耦。

Grails 框架使用了 SiteMesh 作为网页布局和修饰的框架，简化了页面编写和调试过程。布局文件所在目录为 grails-app/views/layouts，代码 5.16 为布局文件的示例。

```
<html>
    <head>
        <title><g:layoutTitle default="An example decorator" /></
           title>
        <g:layoutHead />
    </head>
    <body onload="${pageProperty(name:'body.onload')}">
        <div class="menu"><!--my common menu goes here--></div>
        <div class="body">
            <g:layoutBody />
        </div>
    </body>
</html>
```

代码 5.16 布局文件示例

- **layoutTitle**: 设置页面 title，如果页面 head 中设置了 title，则该设置被取代。
- **layoutHead**: 输出当前页面使用的是哪种 SiteMesh layout。
- **layoutBody**: 输出页面中 body 标签的内容，即将页面中 body 标签的内容插入当前标签位置。

创建了布局文件后，引用该文件时只需要在页面 head 中添加 <meta name="layout" content="main " />，其中 content 为布局文件的名称，代码 5.17 为引用布局的示例。

```
<html>
    <head>
        <title>An Example Page</title>
        <meta name="layout" content="main" />
    </head>
    <body>This is my content!</body>
</html>
```

代码 5.17　GSP 文件中引用布局示例

如果开发者没有定义自己的布局文件，则 Grails 框架默认使用 grails-app/views/layouts /application.gsp，也可以通过定义 grails.sitemesh.default.layout = 'myLayoutName ' 来指定 Grails 框架默认使用的布局文件。

（1）**在控制器中指定布局**

以上为通过在页面 GSP 文件的 head 中添加布局模板的方式，另一个指定当前页面布局的方式为在控制器中添加静态变量 layout。如示例代码 5.18 中的 static layout = 'main '，指定控制器使用 grails-app/view/layouts/main.gsp 作为布局模板，则该控制器下所有方法对应的页面均会使用这个布局模板。

```
class BookController {
    static layout = 'main'

    def list() { ... }
}
```

代码 5.18　控制器中指定 layouts 文件

控制器中指定模板时，静态变量 layout 的值是以 grails-app/views/layouts/ 为根目录的文件路径，例如使用文件 grails-app/views/layouts/custom/customer.gsp 作为模板，那么可以定义 static layout= 'custom/customer '。

如果我们定义了与控制器名字相同的布局文件，则默认该控制器下的页面绑定该 layout

文件，如 grails-app/views/layouts/book.gsp 默认绑定 BookController。并且更进一步地，文件 grails-app/views/layouts/book/list.gsp 默认与 BookController 中的 list() 方法对应的页面绑定，并且其使用优先级高于前面任何一种形式。

（2）**内嵌布局**

Grails 框架支持使用标签 applyLayout 来实现内嵌布局，可以将指定内容使用指定布局模板嵌入当前页面。

如在 grails-app/views/layouts/main.gsp 文件中，可以在合适的位置添加代码 5.19 中的内容，将指定内容嵌入当前模板。

```
<g:applyLayout name="myLayout" template="bookTemplate" collection
    ="${books}" />
<g:applyLayout name="myLayout" url="http://www.google.com" />
<g:applyLayout name="myLayout">
The content to apply a layout to
</g:applyLayout>
```

代码 5.19　内嵌布局

如果需要在某个页面嵌入其他页面的内容，则可以使用标签 include。如在文件 grails-app/views/person/create.gsp 中需要显示当前记录列表，可以使用 <g:include controller= "person " action= " list " /> 嵌入记录列表。同时可以为嵌入的内容指定布局模板，如代码 5.20 所示。

```
<g:applyLayout name="myLayout">
    <g:include controller="person" action="list" />
</g:applyLayout>
```

代码 5.20　为嵌入的内容指定布局模板

include 标签同样可以在 Groovy 代码中使用，如可以在 Controller 或 TagLib 中通过命令 def content = include(controller: "book ", action: " list ") 得到 list 对应的页面内容。

5.5　静态资源

Grails 3.0 中默认安装了 Asset Pipeline 插件来管理静态资源。我们在开发 Web 应用的过程中，越来越多地使用了 JavaScript 和 CSS 来控制页面显示，因此要求有比较好的静态资源整合过程，AssetPipeline 插件提供将所有 JavaScript 或 CSS 文件压缩为一个文件的功能，减少了复杂页面加载过程中的 HTTP 请求数量，提升了页面的加载速度。另外，该插件支持使用如 LESS、CoffeeScript 等语言来编写 CSS 或者 JavaScript。

引用 Asset Pipeline 插件需要在文件 build.gradle 中添加依赖，如代码 5.21 所示。

```
dependencies {
    runtime 'com.bertramlabs.plugins:asset-pipeline-grails:3.0.10'
}
```

代码 5.21　引入 Asset Pipeline 插件

该插件实现了开发过程中的运行时加载，即 GSP 文件中使用到的所有资源会在请求时生成，对 CSS、JavaScript 等文件的更改可以及时生效，刷新页面便可更新变化，该特性使软件开发过程有较高的效率。同时插件提供了丰富的配置选项，如代码 5.22 中的基本配置项，想要详细了解插件可查看官方网站。

```
grails:
    assets:
        bundle: true #dont individually require files in
            development
        storagePath: /path/to/store #automatically copy assets to
            external folder on startup
```

代码 5.22　Assets Pipeline 插件配置信息示例

默认情况下该插件查找资源内容的目录为 grails-app/assets，文件夹内有 3 个子文件夹：javascripts、stylesheets、images。这 3 个子文件夹分别存放 JavaScript、CSS 和图片资源。

插件提供了一些常用的标签来辅助完成所需资源的引用，如 asset:javascript、asset:stylesheet、asset:image 等用来引用指定的文件类型，这些标签的使用方式如代码 5.23 所示。通过代码 5.23 可以看到，引用资源时需要使用相对路径，同时也可以添加资源的属性，如 width 和 height。

```
<head>
    <asset:javascript src="application.js"/>
    <asset:stylesheet src="application.css"/>
</head>
<body>
    <asset:image src="logo.png" width="200" height="200"/>
```

```
    <asset:image src="icons/delete.png"/>
</body>
```

代码 5.23　使用 Asset Pipeline 引用资源

代码 5.24 为使用标签 asset:javascript、asset:script 实现 JavaScript 代码的引用。

```
<asset:javascript src="application.js" asset-defer="true"/>
<asset:script type="text/javascript">
    console.log("Hello World");
</asset:script>
<asset:script type="text/javascript">
    console.log("Hello World 2");
</asset:script>
```

代码 5.24　使用 Asset 引入定制 JavaScript 代码

在页面处理过程中，通过标签 assetPathExists 能够判断某个资源是否存在，标签 assetPath 可以得到资源的访问链接，使用方式如代码 5.25 所示。

```
<link href="${assetPath(src: 'manifest.json')}"/>
<asset:assetPathExists src="test.js">
    This will only be displayed if the asset exists
</asset:assetPathExists>
```

代码 5.25　assetPath 与 assetPathExists 标签的使用

5.6　自定义标签

Grails 框架中支持用户自定义 TagLib 标签，只需要在目录 grails-app/taglib 下创建名称以 TagLib 结尾的类，代码 5.26 中展示了创建的 SimpleTagLib 类。

```
class SimpleTagLib {
    static defaultEncodeAs = [taglib:'html']
    static namespace = "my" // 命名空间
    //static encodeAsForTags = [tagName: [taglib:'html'],
        otherTagName: [taglib:'none']]
}
```

代码 5.26　自定义标签类示例

在类中添加一个闭包成员变量，该变量接收参数 attrs 和 body ，该变量对应的标签即创建成功，如代码 5.27 所示。

```
class SimpleTagLib {
    static defaultEncodeAs = [taglib:'html']
    static namespace = "my"
    def simple = { attrs, body ->
    }
}
```

代码 5.27　添加标签

其中 attrs 参数是 Map 类型，以键值对的形式接收标签的属性值，body 参数为闭包，对应标签体中的内容，参数使用方式如代码 5.28 所示。

```
def emoticon = { attrs, body ->
    out << body() << (attrs.happy == 'true' ? " :-)" : " :-(")
    // 对比有无body() << 的区别
    // out << (attrs.happy == 'true' ? " :-)" : " :-(")
}
```

代码 5.28　自定义标签中参数的使用方式

代码 5.28 中将返回的内容首先拼接到标签体，然后输出到 out 变量，将内容展示在页面上。在 GSP 文件中可以通过 <my:emoticon happy= "true ">Hi John</g:emoticon> 来使用自定义标签。这里我们需要对比是否使用 body 的区别。使用 out << body() << 则输出 Hi John:-)，使用 out << 则输出:-)。通过结果可以直观地看到两者的区别在于是否包括标签体中已有的内容，即 body() 表示标签体中已有的内容：Hi John。

自定义标签类中可以使用的变量与控制器相同，有 actionName、controllerName、flash、grailsApplication、out、pageScope、params、pluginContextPath、request、response、servletContext、session。同时标签中也可以使用 render() 方法。如代码 5.29 所示，render() 方法中指定了模板文件并传入 model 参数，最终将得到的 HTML 内容返回到页面中。

```
def formatBook = { attrs, body ->
    out << render(template: "bookTemplate", model: [book: attrs.
        book])
}
```

代码 5.29　自定义标签中使用 render() 方法引用模板

5.6.1 逻辑控制

我们可以使用标签来实现对显示内容的控制。如代码 5.30 所示，用标签实现是否为管理员的判断逻辑，如果是管理员，则将标签体中的内容显示出来（out << body() ），否则不显示，该标签的使用方式如代码 5.31 所示。

```
def isAdmin = { attrs, body ->
    def user = attrs.user
    if (user && checkUserPrivs(user)) {
        out << body()
    }
}
```

代码 5.30 自定义标签中的逻辑控制

```
<my:isAdmin user="${myUser}">
    // 管理员查看的内容
</my:isAdmin>
```

代码 5.31 GSP 中使用自定义标签进行逻辑控制

5.6.2 循环显示

如果我们希望能够多次显示标签体中的内容，则可以循环地将内容输出，标签定义如代码 5.32 所示。

```
def repeat = { attrs, body ->
    attrs.times?.toInteger()?.times { num ->
        out << body(num)
    }
}
```

代码 5.32 自定义标签实现循环

GSP 文件代码中将参数 times 传入标签，标签体中使用 it 输出当前内容，如代码 5.33 所示。

```
<my:repeat times="3">
    <p>Repeat this 3 times! Current repeat = ${it}</p>
</my:repeat>
```

代码 5.33 GSP 文件中使用自定义标签实现循环

如果有多层嵌套，则无法使用 it 作为变量引用，这时我们需要为变量定义名称，GSP 文件代码更改如代码 5.34 所示。

```
<my:repeat times="3" myVar="j">
    <p>Repeat this 3 times! Current repeat = ${j}</p>
</my:repeat>
```

代码 5.34　GSP 传递变量来控制循环

对应标签类中的代码更改如代码 5.35 所示。我们使用 var 表示变量名称，并使用引用形式将值传递到标签体，这里请读者区分 (var):num 与 var:num 的区别，前者表示引用，后者为 Map 的定义。引用形式如代码中 out << body((var):num)，等同于 out << body (('j '):num)，将 num 的值赋给变量 j。

```
def repeat = { attrs, body ->
    def var = attrs.myVar ?: "num"
    attrs.times?.toInteger()?.times { num ->
        out << body((var):num)
        // 等同于:
        // out << body(('j'):num)
    }
}
```

代码 5.35　自定义标签中接收变量实现循环控制

5.6.3　标签命名空间

默认情况下标签使用的命名空间为 g，因此在 GSP 文件中使用时用 g 指定命名空间，如 g:each。如果我们希望自定义的标签在一个命名空间内，可以在标签类中定义命名空间：static namespace = "my"，在 GSP 文件中使用时用 my 指定命名空间，如 my:example。在控制器中使用标签时需要添加命名空间：my.example(name: "foo")。命名空间的使用一般放在插件中，可以防止发生命名冲突。

5.7　脚　手　架

Grails 脚手架（Scaffolding）模板可以用于快速地创建控制器和视图，可以实现基础的 CRUD 以及数据展示。默认创建的 Grails 应用已经引入了脚手架插件，在文件 build.gradle 中按照代码 5.36 修改，引入插件。

```
dependencies {
    // ...
    compile "org.grails.plugins:scaffolding"
    // ...
}
```

代码 5.36　引入 scaffolding 插件

该插件中包含控制器、视图的模板。我们通过在项目目录下执行 grails install-templates 命令，可以看到在目录 grails-app/src/main/templates/scaffolding 下生成了模板文件，这些模板文件便是脚手架所使用的代码模板。

脚手架的使用有两种方式：一种是动态方式，另一种是静态方式。

5.7.1　动态脚手架

使用脚手架最简单的方式，则是在控制器中定义静态变量 scaffold。例如 static scaffold = Book，指出当前控制器对应的具体模型为 Book，如代码 5.37 所示。

```
class BookController {
    static scaffold = Book  // Or any other domain class such as "
        Author", "Publisher"
}
```

代码 5.37　控制器中使用动态脚手架

通过该设置项，当我们启动应用项目时，Action 和 View 则会在运行过程中动态地生成。动态生成的方法对应在模板文件中的方法定义，默认的方法包括 index()、show()、show()、edit()、delete()、create()、save()、update()。我们可以通过编辑模板文件来修改默认的方法实现，或者添加其他默认的方法。

我们在每个控制器中都可以定义静态变量 scaffold 来指定模型，而且对应的模型并不需要与控制器名称相同。对于模板中已经存在的方法，如果我们在控制器中再次定义，则会自动覆盖脚手架中的方法。当然也可以创建方法对应的 GSP 文件，来覆盖默认的显示方式。

5.7.2　静态脚手架

Grails 框架中可以使用 grails generate-controller Book 命令和 grails generate-views Book 命令来分别创建 Book 模型对应的控制器和视图页面，也可以使用 grails generate-all Book 命令一次性生成控制器和视图页面。我们可以根据需求手动修改和定制生成的文件，以适应项目所在的应用场景。

使用脚手架生成的视图文件可以自动适配模型类中定义的约束条件 constraints。constraints 闭包中字段的顺序即页面显示时的顺序。视图文件除了适配显示顺序外，还可以适配其他限制条件。如在模型中定义 category(inList: ["Fiction", "Non-fiction", "Biography"])，则 category 字段会以下拉选择框的形式显示；如定义 age(range:18..65)，则在显示 age 字段时，值会限制在 18 ~ 65；如定义 name(size:0..30)，则会检查 name 字段输入的值是否超过了 30 个字符。

另外 Grails 脚手架模板使用了 Fields 插件，生成脚手架视图后我们可以使用 Fields 插件提供的 TagLib 自定义表单和其他显示。

通过以上讲解我们可以看到脚手架插件将常用的 CRUD 操作进行了包装，因此最大限度地减少了基础功能的开发，提升了开发效率。

5.8 国　际　化

Grails 框架通过利用底层 Spring MVC 对国际化的支持，实现了开箱即用的国际化（i18n）支持，可以根据用户的区域（Locale）设置自定义视图中显示的文本。Locale 由不同的语言、地区代码来表示，比如 en_US 表示美式英语，en_GB 表示英式英语，zh_CN 表示中文。

Grails 框架中通过消息绑定来实现不同语言之间的切换。要在 Grails 框架中使用 Locale 设置，需要创建包含不同语言的消息文件，在 grails-app/i18n 目录下我们可以看到一系列的属性文件，文件名称以 message 开头，并且包含不同的 Locale 代码，如 messages_de.properties 对应的是德语，以此区分不同区域使用不同配置文件，我们可以在该目录下创建自己所需的国际化配置文件。

默认情况下，Grails 框架会在 message.properties 中查找所需的文本内容，如果在用户使用环境对应的 Locale 配置文件下可以查找到所需信息，则优先使用后者。

在我们使用网络系统时，默认的语言设置可以从请求头信息中获取 Accept-Language，在 Grails 系统中，我们也可以通过在链接中添加 lang 参数，将语言设置为所需的语言，如设置为中文，可以写作 lang=zh_cn。系统可以将语言环境存储在 cookies 中，之后的请求会把信息添加到请求头信息内。

5.8.1 读取消息

如代码 5.38 所示，我们首先在 i18n 文件中定义 my.custom.item.message，通过代码 5.39 中所示使用 message 标签读取内容。当语言环境为英文时，会返回 messages.properties 文件中的 This is for myself；当语言环境为中文时，会返回 messages_zh_CN.properties 文件中的“这是我自定义的内容”。

```
# 在文件messages.properties中添加以下属性内容
my.custom.item.message=This is for myself
```

```
# 在文件messages_zh_CN.properties中添加如下属性内容
my.custom.item.message=这是我自定义的内容
```

代码 5.38 添加自定义的国际化内容

```
<%--在GSP文件中使用国际化--%>
<g:message code="my.custom.item.message" default="This is for
    myself" />
```

代码 5.39 在 GSP 文件中读取 i18n 定义的内容

在 Controller 中可以直接使用 message 标签获取内容，如代码 5.40 所示，其中 message 标签可以接收 default 参数，当系统无法在全球化配置文件中查找到内容时，会使用 default 参数指定的内容。

```
// 在某个控制器或其他脚本文件中读取以下内容
def msg = message(code: "my.custom.item.message", default: 'This
    is for myself')
```

代码 5.40 在控制器中读取 i18n 定义的内容

5.8.2 消息参数

在国际化配置文件中配置消息内容时，可以使用花括号来指定位置参数，如代码 5.41 所示。

```
# 在文件messages.properties中添加以下属性内容
my.custom.item.message=This message is for {0} and {1}.
# 在文件messages_zh_CN.properties中添加以下属性内容
my.custom.item.message=这是 {0} 和 {1} 自定义的内容
```

代码 5.41 带参数的国际化文本配置

在调用 message 标签时，可以通过参数 args 将参数列表传入，如代码 5.42 所示。

```
<%-- 在GSP文件中使用国际化 --%>
<g:message code="my.custom.item.message" args="${['Juan', 'Lin
    ']}" />
```

代码 5.42 在 GSP 文件中读取带参数的 i18n 定义的内容

其中参数 Juan、Lin 分别对应 {0}、{1}。

5.9　本章小结

Grails 框架中的页面展示同样也是该框架中的重要特征之一，本章我们讲解了 Grails 框架中 Web 页面的创建、编辑以及模板、脚手架的使用，根据本章内容我们可以体会到框架的易用之处。模板的引入帮助开发人员减少了大量的冗余代码，提升了代码的重用率；脚手架的使用又达到了开箱即用的效果，默认实现基本的操作，降低了入门难度。

第6章 服 务 层

在开发工程项目时，对项目的工程结构进行划分是非常有必要的。通常 Controller 层用于处理请求并返回相应的数据或页面，Service 层承担处理复杂业务逻辑的任务，这样的功能划分使得工程结构更加清晰，同时方便后续的工程重构。

Grails 框架提供了 Service 层的概念，因此在开发过程中，开发者只需要遵循 Grails 框架的约定即可使用其提供的底层支持。

6.1 服务层基础

首先，我们通过以下命令创建 Service。

```
grails create-service example.country
```

通过上述命令将创建名为 CountryService.groovy 的文件，由于上述命令指定了包名 example ，因此该文件的相对路径为 grails-app/services/example/ CountryService.groovy。若未指定包名，Grails 框架将使用默认包名作为该 Service 的包名，默认包名可通过 grails. default Package 的配置项进行配置。

通过创建的文件名可以看到，Grails 框架会默认为创建的 Service 添加“Service”的文件名后缀，但如果使用 grails create-service example.countryService 命令来创建 Service，此时生成的文件名依然为 CountryService.groovy 。Grails 框架的约定是，在 grails-app/services 目录下所有文件名以“Service”结尾的类都是 Service，这些 Service 会被 Grails 框架添加一些额外的支持，比如 DataStore、TransactionManager 等，同时也会被看作一组允许被注入的组件（Grails Artefact）。因此在创建 Service 时，可以直接在 grails-app/services 目录下创建以“Service”结尾的 Groovy 类，Grails 框架会默认把该类识别为 Service。

通过上述命令创建的 Service 内容如代码 6.1 所示。

```
package example
import grails.gorm.transactions.Transactional
```

```
@Transactional
class CountryService {
    def serviceMethod() { }
}
```

代码 6.1　创建 Service

该 Service 默认添加了 @Transactional 注解，该注解可令 Service 内的所有方法支持事务。下面我们为该 Service 添加方法，如代码 6.2 所示。

```
@Transactional
class CountryService {
    def getCountryName()
        {'China'
    }
}
```

代码 6.2　为 Service 添加方法

为 Service 添加方法后，可在 Controller 中使用该 Service，如代码 6.3 所示。

```
class CountryController
    {def countryService

    def countryName() {
        render countryService.getCountryName()
    }
}
```

代码 6.3　使用 Service

代码 6.3 使用 def countryService 将 CountryService 注入控制器，Grails 框架约定，可通过声明代表 Service 名称的属性实现 Service 的注入，后面的章节会进一步介绍该功能。完成 Service 的注入后，控制器即可使用该 Service 提供的方法。

6.2　Service 作用域

默认情况下，Service 将作为单例运行，即在整个项目的运行过程中共享一个 Service 实例，Service 所有的方法也都是异步的，因此在 Service 中使用共享数据时需要注意线程安全的问题。Service 的作用域也可以根据实际需求修改，Grails 框架提供了以下 7 个作用域。

- prototype：每次注入时都创建一个新的实例。
- request：对于每个请求都创建新实例。

- flash：为当前请求和下次请求创建新实例。
- flow：在 Web Flow 过程中创建一个实例。
- conversation：为 Web Flow 及其 subflow 分别创建实例。
- session：为每个 HttpSession 创建一个实例。
- singleton：默认方式，所有调用共用一个实例。

以上 7 个作用域中，使用 flash、flow 和 conversation 这 3 个作用域的 Service 必须作用于 Web Flow 上下文，并且 Service 需要实现 java.io.Serializable 接口。

修改 Service 作用域的方式非常简单，只需要定义静态变量即可：

```
static scope = "session"
```

在修改 Service 的作用域时，需要注意调用该 Service 的 Controller 的作用域，以确保该 Service 的作用域生效[①]。

6.3 事务处理

在通常的工程实现中，Service 一般用作处理复杂的业务逻辑，因此 Service 的方法往往会包含涉及多个模型的数据读写。当涉及数据读写时，较好的实践方式都要求使用事务，Service 提供了对事务的支持。

6.3.1 使用事务

6.1 节提到，Grails 框架默认创建的 Service 会使用 @Transactional 注解，该注解将为 Service 的所有方法提供事务支持，当该方法抛出异常时（检查时异常或运行时异常）将触发事务的回滚。Grails 框架默认的事务传播级别为 PROPAGATION_REQUIRED，表示若当前上下文存在事务则使用当前事务，否则创建新的事务，我们可以通过 @Transactional 注解的 propagation 属性来修改默认的事务传播属性。

除了在 Service 的类级别中使用 @Transactional 注解之外，该注解也可作用于方法上，标注该方法使用事务，如代码 6.4 所示。

```
class CountryService {

    @ReadOnly
    def getCountryInfo(Serializable id) {
        Country.get(id)
    }

    @Transactional(readOnly = true)
    def listCountry() {
```

① 参考 4.3 节

```
        Country.list()
    }

    @Transactional
    def updateCountryInfo(Serializable id, String name) {
        def country = Country.get(id)
        if (country) {
            country.name = name
            country.save(flush: true)
        } else {
           throw new NullPointerException('cannot find country by id')
    }

    @NotTransactional
    def getCountryName() {
        'China'
    }
}
```

代码 6.4　Service 方法的事务注解

代码 6.4 未对 Service 进行注解，但对方法做了注解，下面分别介绍每种注解的作用。

（1）**@ReadOnly**

getCountryInfo() 方法使用 @ReadOnly 注解，表明该方法使用只读事务，可保证数据读取的一致性。

（2）**@Transactional(readOnly = true)**

listCountry() 方法使用 @Transactional(readOnly = true) 注解，该注解同样为该方法提供只读事务支持。

（3）**@Transactional**

updateCountryInfo() 方法使用 @Transactional 注解，该注解为该方法提供读写事务的支持。

（4）**@NotTransactional**

getCountryName() 方法使用 @NotTransactional 注解，因此该方法不支持事务。但由于该 Service 没有类级别的 @Transactional 注解，因此该方法即使没有 @NotTransactional 注解也是不支持事务的。

事务注解除上述作用外，还可指定事务处理的数据源，在介绍 GORM 多数据源时也提到过该特性，读者可参考 3.9 节。具体使用如代码 6.5 所示。

```
class CountryService {
    @ReadOnly('info')
    def getCountryInfo(Serializable id) {
        Country.get(id)
    }

    @Transactional('backup')
    def updateCountryInfo(Serializable id, String name) {
        def country = Country.get(id)
        if (country) {
            country.name = name
            country.save(flush: true)
        } else {
           throw new NullPointerException('cannot find country by id')
        }
    }
}
```

代码 6.5 指定事务处理的数据源

如代码 6.5 所示，@ReadOnly 注解和 @Transactional 注解都支持指定数据源，指定数据源后该方法的事务将使用指定的数据源，否则该方法将使用默认数据源来处理事务。

6.3.2 事务与 session

当支持事务的方法抛出异常时，事务将回滚，该方法所有的数据修改操作都不会提交给数据库执行，这是可观察到的情况，如代码 6.6 所示。除此之外，当事务回滚时，该事务绑定的 Hibernate session 也会被清除，此时需要注意已得到的数据是否可继续访问。

```
// Domain
class Country
    {String
    name

    static hasMany = [cities: City]
}

// Service
class CountryService {
```

```
    @Transactional
    def updateCountryInfo(Serializable id, String name) {
        def country = Country.get(id)
        if (name.length() <= 5) {
            country.name = name
            country.save(flush: true)
        } else {
            throw new CountryException("name's length too long",
                country)
        }
    }
}

// Controller
class CountryController {
    def countryService

    def update() {
        try {
            countryService.updateCountryInfo(1, 'longname')
        } catch (CountryException e)
            { println e.country.
            name println e.country.cit
            ies
        }
        render 'OK'
    }
}
```

代码 6.6 事务与 session

在代码 6.6 中，在 Service 的 updateCountryInfo() 方法中添加了对 name 属性的长度检查功能，当 name 字段长度超过 5 时，该方法将抛出包含 country 实例的 CountryException，异常的抛出将导致数据修改操作回滚。控制层在调用该方法时传递将导致抛出异常的 name 属性，同时在捕获异常的操作中执行 println e.country.cities。现在我们考虑该代码是否会运行正常，答案是否定的，代码在执行到 println e.country.cities 时将会抛出 org.hibernate.LazyInitializa-tionException 异常。

出现该异常的原因在于，事务的回滚导致绑定在 country 实例上的 session 被清除，而 cities 属性默认使用了懒加载模式，因此在使用 e.country.cities 时会导致数据库查询，从而触发异常。e.country.name 在使用时不需要再进行数据库查询，因此可以正常使用。

为解决这个问题，可在查询 Country 实例时修改数据加载策略为即时加载，如代码 6.7 所示。

```
class CountryService {

    @Transactional
    def updateCountryInfo(Serializable id, String name) {
        def country = Country.findById(id, [fetch:[cities:"eager"]])
        if (name.length() <= 5) {
            country.name = name
            country.save(flush: true)
        } else {
             throw new CountryException("name's length too long",
                 country)
        }
    }
}
```

代码 6.7 数据预加载

数据即时加载策略将使 cities 数据在第一次查询时全部加载到内存，使用 cities 数据时无须再次访问数据库。

以上示例主要帮助我们理解事务回滚导致 session 清除的问题，在开发过程中需要特别注意该特性可能导致的数据访问错误。

6.4 依赖注入

Grails 框架在基于 Spring 框架提供的依赖注入功能的基础上，提供了更为便捷的依赖注入方式 —— 基于约定的依赖注入。在 Grails 框架中，只需要在 Controller、Domain 等组件中声明可以代表该 Service 的属性，即可完成对 Service 的注入，无须使用 @Autowired、@Inject 或 @Resource 进行注解。

本章 6.1 节提到，直接在 Controller 中使用 def countryService 即可把 CountryService 注入 Controller。当然，在注入 Service 时也可以指明它的类型为 CountryServicecountryService。

通常来说，注入 Service 时的属性名称为首字母小写的 Service 类名称，如 countryService。但当 Service 名称的前两个字母都为大写时，注入的属性名称则不需要将首字母小写。例如 URLService 在注入时应使用 URLService, 而不是 uRlService。关于注入属性的名称，读者可参考 JavaBean 规范的 8.8 节。

除 Service 之外，我们有时也需要注入 DataSource 来进行数据查询。默认情况下，只需要在 Controller 或 Service 中定义 dataSource 属性即可完成注入，如代码 6.8 所示。

```
class CountryService {
    def dataSource
}
```

代码 6.8 注入 DataSource

上述注入方式可以完成默认数据源的注入，但在定义了多数据源时，则需要注意注入非默认数据源的方式。假设我们定义了一个默认数据源和 info 、backup 两个非默认数据源，则注入方式如代码 6.9 所示。

```
class CountryService {
    //注入默认数据源
    def dataSource

    //使用两种方式注入非默认数据源
    def dataSource_info
    @Autowired
    @Qualifier('dataSource_backup')
    def dataSourceBackup
}
```

代码 6.9 多数据源注入 DataSource

可以看到，非默认数据源可以通过 dataSource_info 这种下画线加数据源名称的方式注入，也可以通过 @Autowired 和 @Qualifier 这两个 Spring 注解注入。

6.5 本章小结

本章介绍了 Grails 框架中的服务层。服务层默认支持事务、持久化等数据操作特性，更适合实现复杂的业务逻辑与数据操作，通过依赖注入，可以在不同的地方使用 Service 类或者使用不同的数据源。我们在不同的组件中实现不同的功能，可以让业务系统的实现逻辑更加清晰，便于后续的维护工作。

第 7 章 测　试

测试是软件开发中的重要环节，完善的测试可及时发现软件中的错误，并对软件的性能做出评估。Grails 框架对软件测试提供了完整的支持，开发者可以在 Grails 框架的支持下轻松地写出测试用例，对 Grails 应用各方面的功能进行测试。

测试有很多种类型，不同类型的测试用于验证不同的问题，Grails 框架主要支持以下 3 种测试方法。

（1）**单元测试**

单元测试主要用于测试一些独立的、不依赖运行环境的方法或代码块，单元测试一般不进行数据库、网络等 IO 操作。

（2）**集成测试**

集成测试可以在 Grails 框架的运行环境中进行测试，因此集成测试可以访问数据库、网络等系统允许访问的资源。

（3）**功能测试**

功能测试主要针对系统的最终用户，验证用户得到的响应是否正确。

Grails 框架在通过命令行创建如 Controller、Service 等系统组件时会自动创建对应的单元测试或集成测试文件。当执行 grails create-controller example.City 命令时，Grails 框架不仅会创建 grails-app/controllers/example/CityController.groovy 文件，也会创建对应的 src/test/groovy/example/CityControllerSpec.groovy 测试文件。该测试文件用于单元测试，我们暂不关注测试文件的内容，在之后的章节我们会详细介绍测试文件的内容。

创建测试文件并完成测试用例的编写后，我们可以直接使用命令来启动测试：

```
grails test-app
```

该命令将执行 Grails 应用的所有测试，并根据测试结果生成测试报告，测试执行完毕可通过 grails open test-report 命令来查看测试报告。上述命令会执行所有测试任务，我们也可以只执行某一个包，某一个测试类，某一个测试用例，如代码 7.1 所示。

```
# 启动example包下的所有测试
grails test-app example.*
```

```
# 执行CityControllerSpec文件中的所有测试
grails test-app example.**.CityControllerSpec

# 执行CityControllerSpec中testCase测试用例
grails test-app example.CityControllerSpec.testCase
```

代码 7.1　启动指定测试用例

可以看到，指定测试范围的命令支持通配符，因此我们可以灵活地选择我们希望执行的测试用例。

Grails 框架执行测试的命令还存在“阶段”的概念，阶段包含“单元测试阶段”和“集成测试阶段”，其中集成测试阶段中包含功能测试。当不指定阶段时，测试命令将执行所有的测试阶段，即执行所有的单元测试和集成测试。当仅需要执行单元测试时，我们可以使用 grails test-app-unit 命令；当只需要执行集成测试时，则可以使用 grails test-app-integration 命令。

在指定测试阶段时，Grails 框架同时允许手动指定执行哪些测试用例。例如：

```
grails test-app example.**.CityControllerSpec -integration
```

7.1　测试框架 Spock

Grails 框架使用 Spock 作为默认的测试框架，Spock 可用于测试 Java 应用或 Groovy 应用。我们在此处简要介绍一下 Spock 中的 5 个概念。

（1）**Specification**

每一个测试类都需要继承 Specification 类，该类为开发者编写测试用例提供了一些非常有用的方法。

（2）**Fields**

我们可以创建测试类的属性，这些属性会在每个测试用例执行前重新初始化，如果希望测试用例共享这些属性，则可以使用 @Shared 注解属性。

（3）**Fixture Methods**

测试类中有 4 个特殊作用的方法，通过这些方法我们可以完成测试环境的预设置和测试环境的清理，这 4 个方法如下。

- def setupSpec()：在执行测试类的第一个测试用例之前执行，只执行一次。
- def setup() ：在执行每个测试用例之前都执行。
- def cleanup()：在执行每个测试用例之后都执行。
- def cleanupSpec()：在执行测试类的最后一个测试用例之后执行，只执行一次。

（4）**Feature Methods**

Feature Methods 代表每一个测试用例，每个测试用例是一个方法，方法的名称使用字符串来描述测试的内容，例如 def "test_something"() { }。

（5）**Blocks**

每个测试方法被分为几块，每一个块代表一个阶段，我们可以组合这些代码块来编写测试用例，代码块有以下 5 种。

- given / setup：given 和 setup 都用于进行测试的初始化工作。
- when / then：when 通常和 then 成对出现，when 用于执行我们待测试的代码，then 用于验证 when 中执行的结果是否符合预期。
- expect：expect 与 when/then 的效果类似，但 expect 代码块的语义表达相对 when 来说没有那么丰富，一般使用 expect 来验证不会产生其他副作用的功能型方法。
- cleanup：该代码块用于进行本测试用例的清理工作。
- where：where 代码块用于针对测试用例准备覆盖多种情况的测试数据。

以上只是简单介绍了 Spock 测试框架中的概念，读者可自行查阅 Spock 文档了解更详细的内容。

7.2 单元测试

当使用命令行创建 Controller 、Service、Domain、TagLib 时，Grails 框架都会自动创建对应的单元测试类，每个单元测试类都会继承 Specification 类，并且同时继承了 Grails 框架提供的 Trait。Trait 主要有以下类型。

- DomainUnitTest <FooDomain>：用于对模型进行单元测试，并提供对应模型的实例。
- ControllerUnitTest<FooController>：用于对 Controller 进行单元测试，提供对应 Controller 的实例，并提供模拟请求的功能。
- ServiceUnitTest<FooService>：用于对 Service 进行单元测试，提供对应 Service 的实例，同样提供了模拟请求的功能。
- TagLibUnitTest<FooTagLib>：用于对 TagLib 进行单元测试，提供对应 TagLib 的实例。

下面以 Controller 为例，介绍如何进行单元测试。首先，我们给出默认创建的测试类内容，如代码 7.2 所示。

```
class CityControllerSpec extends Specification implements Controller
    UnitTest<CityController> {

    def setup() {
    }
```

```
    def cleanup() {
    }

    void"test something"() {
        expect:"fix me"
            true == false
    }
}
```

代码 7.2 CityControllerSpec.groovy

在默认测试类中，"test something" () 方法就是一个测试用例，我们可以在该测试类中继续创建其他测试用例，假设在 CityController 中有方法如代码 7.3 所示。

```
class CityController {

    def index() {
        render 'Hello, World!'
    }
}
```

代码 7.3 CityController.groovy

若需要对 index() 方法进行单元测试，则测试用例如代码 7.4 所示。

```
void "test index"() {
    when:
    controller.index()

    then:
    status == 200
    response.text == 'Hello, World!'
}
```

代码 7.4 测试 index() 方法

在上述测试用例中，controller 、status 和 response 都是 ControllerUnitTest 为测试类模拟的实例[①]。controller 是测试类提供的待测试 Controller 的实例，status 和 response 为模拟访问 Controller Action 后的结果。需要注意的是，此时进行的是单元测试，因此无法访问数据库等资源，若待测试 Controller 中的方法需要进行数据库访问将导致测试失败。但如果需要

① 读者可自行查看该类提供的所有功能

测试一个包含数据库访问的 Controller 中的方法，并且不关注方法中数据库层面的访问时，我们可以借助 DataTest 模拟数据操作，从而跳过方法中的数据库访问，如代码 7.5 所示。

```
// Controller 中的方法
def list() {
    respond(['cities': City.list()], formats: ['json'])
}

// 测试类
class CityControllerSpec extends Specification implements Controller
      UnitTest<CityController>, DataTest {
      void setupSpec() {
          mockDomain City
    }

    void "test list"() {
        setup:
        new City(name: 'beijing').save()
        new City(name: 'shanghai').save()

        when:
        controller.list()

        then:
        status == 200
        response.json.cities.size() == 2
    }
}
```

代码 7.5　模拟测试方法中的数据访问

在代码 7.5 中，测试类继承了 DataTest 类，该类为测试类提供了数据模拟的功能。在 setupSpec() 方法中我们指定对 City 数据进行模拟，该设置将使测试方法中对 City 数据的操作变为模拟操作，不访问真实的数据库。

其他几种组件的测试与 Controller 的测试类似，但需要注意以下 3 点。

- 在对模型进行测试时，DomainUnitTest 类已继承 DataTest 类，因此已获得数据模拟的能力。
- 只有 Controller 和 TagLib 的单元测试支持模拟请求的功能，但可以通过继承 GrailsWebUnitTest 类来使其他的测试类支持该功能。

- 除以上几个默认提供的测试类之外，我们也可以通过实现 AutowiredTest 接口来注入其他待测试的组件，对注入的组件进行单元测试。

读者可自行实践其他组件的单元测试。

7.3　集成测试

在对单元测试的介绍中我们了解到，单元测试执行时不会真正启动 Grails 应用，对数据的操作也只是在内存中模拟。因此，为测试 Grails 应用在真实环境中的运行逻辑，我们需要通过集成测试对功能进行测试。

单元测试和集成测试最主要的区别就是集成测试在执行时需要启动 Grails 应用，因此在集成测试中可以访问所有 Grails 框架允许访问的资源，对应用测试的维度也更加广泛。

可通过以下命令创建集成测试。

```
grails create-integration-test example.CityControllerSpec
```

通过以上命令将创建 src/integration-test/groovy/example/ CityControllerSpec.groovy 文件，测试文件内容如代码 7.6 所示。

```
@Integration
@Rollback
class CityControllerSpec extends Specification {

    def setup() {
    }

    def cleanup() {
    }

    void "test something"() {
        expect:"fix me"
            true == false
    }
}
```

代码 7.6　CityControllerSpec.groovy 文件内容

在代码 7.6 中，测试类共有两个注解 @Integration 和 @Rollback ，@Integration 注解用于标识该类使用集成测试，并将在测试环境中启动 Grails 应用；@Rollback 注解用于标识该类中的所有测试用例的数据操作都将回滚，因为我们通常不希望测试中对数据的修改会持久化到数据库。

7.3.1 事务

由于集成测试会默认使用 @Rollback 注解，因此测试用例中对数据的修改无法持久化到数据库。虽然测试用例无法持久化数据，但是 setup() 方法中对数据的操作并不会回滚，我们可以在 setup() 方法中准备数据，如代码 7.7 所示。

```
@Integration
@Rollback
class CityControllerSpec extends Specification {

    def setup() {
        new City(name: 'Beijing').save(flush: true)
    }

    void "test something"() {
        expect:
        City.findByName('Beijing') != null
    }
}
```

代码 7.7　集成测试的事务

在代码 7.7 中，setup() 方法中保存的数据会持久化到数据库，因此 "test something" 测试用例会测试通过。

@Rollback 注解不仅可在测试类上使用，还可直接标注测试用例，被标注的测试用例在执行完毕时将自动回滚数据。虽然大多数情况下我们都希望回滚测试中的数据变更，但有时我们需要测试一系列具有数据相关性的功能，这种情况下就需要持久化每个测试用例中数据的修改，此时我们可以将测试类上的 @Rollback 注解删除，使该测试类的数据操作不自动回滚。

7.3.2 注入

由于集成测试将启动 Grails 应用，因此可在测试类中注入任意需要测试的组件进行测试。在测试类中注入组件也非常简单，只需要借助 Spring 的 @Autowired 注解，如代码 7.8 所示。

```
@Integration
@Rollback
class CityControllerSpec extends Specification {

    @Autowired
```

```
    CityService cityService

    void "test count"() {
        expect:
            cityService.count() == 0
    }
}
```

代码 7.8　注入组件进行集成测试

除上述内容外，在集成测试中还需要了解 @DirtiesContext 注解，该注解用于标注测试用例，使用该注解标注的测试用例在执行完毕后需要重新启动 Grails 应用来执行后续的测试。

7.4　功能测试

功能测试用于验证系统对最终用户的反馈是否正确，因此在功能测试中需要模拟浏览器访问，功能测试在执行过程中也需要启动 Grails 应用，以获得对数据库等资源的访问能力。

7.4.1　Geb

如果希望模拟浏览器进行功能测试，则需要在测试类中继承 GebSpec 类来获得模拟浏览器请求的能力。Geb 是基于浏览器自动化测试解决方案的 WebDriver 实现的，通过 Geb 可以实现跨浏览器的自动化测试，Geb 提供了 jQuery 类的接口来操作浏览器页面元素。

创建 Geb 测试可以使用以下命令。

```
grails create-functional-test home
```

该命令将创建 src/integration-test/groovy/HomeSpec.groovy 测试文件，创建的测试文件内容如代码 7.9 所示。

```
@Integration
@Rollback
class HomeSpec extends GebSpec {

    def setup() {
    }

    def cleanup() {
    }
```

```
    void "test something"() {
        when: "The home page is visited"
        go '/'

        then: "The title is correct"
        title == "Welcome to Grails"
    }
}
```

代码 7.9 HomeSpec.groovy

在上述 test something 测试用例中，go() 方法用于触发当前测试用例访问的 URL，title 用于表示访问页面的 title 内容。

go() 方法是对浏览器行为的模拟，除了 go() 方法之外，Geb 还提供了很多其他模拟浏览器交互的操作，比如使用 click() 方法模拟用户单击操作，使用 keyUp()、keyDown() 来模拟按键操作。上述代码中，title 是 Geb 测试类中默认提供的属性，我们也可以通过 jQuery 类的操作对页面中的元素进行选择。例如，如需对页面中的搜索功能进行测试，则测试用例如代码 7.10 所示。

```
void "test search"()
    {when:
    go "search"
    $("input[name='q']").value "Chuck Norris"
    $("input[value='Search']").click()

    then:
    $("li", 0).text().contains("Chuck")
}
```

代码 7.10 页面搜索测试

如代码 7.10 所示，when 代码块中模拟了对页面的操作，首先使用 go() 方法跳转到 search 页面，然后使用 jQuery 类操作 $("input[name='q']").value 为搜索的内容赋值，最后通过 click() 方法触发查询请求。在 then 代码块中，我们使用 $("li", 0).text()。

Geb 中对 jQuery 类的选择器提供了丰富的支持，读者可自行查看 Geb 文档了解更详细的内容。

7.4.2 REST 接口测试

除模拟浏览器行为之外，REST 接口的测试也属于功能测试的范畴，REST 接口的测试可以在集成测试中直接注入 Controller 完成，或者我们也可以直接在集成测试中创建 REST 请求，然后对请求的返回值进行验证，如代码 7.11 所示。

```
import wslite.rest.RESTClient

@Integration
@Rollback
class CityRestSpec extends Specification {
    RESTClient rest

    def setup() {
        rest = new RESTClient('http://localhost:8080')
    }

    void "create city"() {
        when:
        def response = rest.post(path: "/city/save") {
            type "application/x-www-form-urlencoded"
            charset "UTF-8"

            urlenc name: "beijing"
        }

        then:
        response.statusCode == 200
        response.json.name == "beijing"
    }
}
```

代码 7.11　REST 测试

在代码 7.11 中，我们引入了 groovy-wslite 作为 REST client①，在测试时 Grails 应用将在测试环境中启动以响应测试用例中的请求。

7.5　本章小结

本章中我们介绍了如何在 Grails 框架中进行测试，并介绍了 Spock 测试框架，了解了该测试框架的基本特性和使用方式。同时我们介绍了单元测试、集成测试和功能测试的测试

① 需要在 build.gradle 中增加 compile 'com.github.groovy-wslite:groovy-wslite:1.1.2'

方式，以业务功能为对象讲解如何进行测试，以验证系统是否可以稳定、正确地工作。

系统测试是保证系统可以稳定运转的重要步骤，而在工程开发过程中，测试往往得不到应有的重视，从而导致已发布的系统中存在大量问题，极大影响用户的使用体验，因此开发人员需要对系统测试保持足够的重视，这对提高系统稳定性具有显著效果。

第 8 章 插件体系

作为 Web 开发框架，Grails 框架为开发者提供了很多默认功能的支持，并在“约定优于配置”的原则下将开发者从繁杂的配置工作中解脱出来。但现实中的 Web 开发通常比较复杂，会涉及认证、权限、任务调度等一系列功能，这些功能将导致开发者做很多重复的工作。因此 Grails 框架提供了插件体系，开发者可以开发插件来扩展 Grails 框架，使 Grails 框架可以快速实现一些通用的功能。

Grails 框架的插件体系非常强大，甚至我们在开发过程中使用的 Controller、Service 等都是通过插件提供的功能，插件的开发与 Web 应用的开发类似，因此我们可以很方便地通过开发插件来扩展 Grails 框架。

8.1 创建插件

创建插件的命令非常简单，如下。

```
grails create-plugin job
```

通过上述命令可以创建名为 job 的插件项目，我们在使用该命令时需要注意在插件的名称中不要出现连续的大写字母，可以使用驼峰命名或使用 “-” 分割。

job 插件的项目结构与普通 Grails Web 应用的项目结构非常相似，因此我们同样可以通过 grails run-app 将插件作为 Web 项目启动。需要注意，插件项目不会默认创建 grails-app/assets 目录下的资源文件，因此默认生成的 GSP 页面的样式存在问题。

插件项目创建后，将会在 src/main/groovy 目录下生成以 “GrailsPlugin” 结尾的 Groovy 文件。所有的插件必须有该文件，该文件用于描述该插件的信息，并提供了插件运行时的钩子方法。

上面创建的 job 插件自动生成的文件为 src/main/groovy/JobGrailsPlugin.groovy，该文件的默认内容如代码 8.1 所示。

```
class JobGrailsPlugin extends Plugin {

```

```
    // the version or versions of Grails the plugin is designed for
    def grailsVersion = "3.3.5 > *"
    // resources that are excluded from plugin packaging
    def pluginExcludes = [
        "grails-app/views/error.gsp"
    ]

    // TODO Fill in these fields
    def title = "Job" // Headline display name of the plugin
    def author = "Your name"
    def authorEmail = ""
    def description = '''\
Brief summary/description of the plugin. '''
    def profiles = ['web']

    // URL to the plugin's documentation
    def documentation = "http://grails.org/plugin/mis-data"

    // Extra (optional) plugin metadata

    // License: one of 'APACHE', 'GPL2', 'GPL3'
    // def license = "APACHE"

    // Details of company behind the plugin (if there is one)
    // def organization = [name: "My Company", url: "http://www.my-
      company.com/"]

    // Any additional developers beyond the author specified above.
    // def developers = [[ name:"Joe Bloggs", email:"joeabloggs.net"]]

    // Location of the plugin's issue tracker.
    // def issueManagement = [ system: "JIRA", url: "http://jira.
        grails.org/browse/GPMYPLUGIN"]

    // Online location of the plugin's browseable source code.
    // def scm = [ url: "http://svn.codehaus.org/grails-plugins/"]

    Closure doWithSpring() { {->
            // TODO Implement runtime spring config (optional)
        }
```

```
    }
    ......
}
```

代码 8.1 JobGrailsPlugin.groovy

GrailsPlugin 类中提供了几个用于描述该插件的属性字段，如果想要把开发完成的插件开源发布给其他人使用，就需要完善这几个属性字段。这 10 个字段如下。

- **title**：插件名称。
- **grailsVersion**：描述该插件支持的 Grails 版本，例如 “3.3 > *” 表示支持 Grails 3.3 及以上版本。
- **author**：插件的作者。
- **authorEmail**：插件作者的邮箱。
- **developers**：除作者之外为该插件做出贡献的开发者。
- **description**：详细描述该插件的功能。
- **documentation**：插件的文档地址。
- **license**：插件使用的许可证。
- **issueManagement**：对插件进行反馈的地址。
- **scm**：插件的代码仓库地址。

8.1.1 开发插件

插件的开发与 Grails 应用的开发类似，我们在插件中同样可以创建 Domain、Controller、Service 等组件，并且这些组件在插件中的用法与 Grails 应用中的用法一致。

例如，我们在 job 插件中创建 RunService，然后在 Grails 应用中使用 job 插件，那么在 Grails 应用中就可以将 RunService 注入应用的 Controller 或者 Service。

但需要注意插件中视图的用法，如果我们在插件中提供 Controller 并提供对应的视图，安装该插件的应用在使用该 Controller 时会首先在应用的 view 目录查找对应的 GSP 文件，如果查找失败，再去插件的 view 目录查找。例如 job 插件提供 JobController，并在 view/job 目录提供对应的 GSP 文件，当在应用中使用 JobController 时，Grails 框架会首先查找应用的 view/job 目录，查找失败时再到插件的 view/job 目录查找对应的 GSP 文件。

对应用来说，插件中提供的组件与应用自己提供的组件在功能上基本一致，因此开发插件不会带来很高的学习成本。

前面我们提到，插件可以作为 Grails 应用启动，但通常插件在真实的使用环境中并不会独立启动，只用于增强 Grails 应用的功能。因此在开发插件时需要将开发的插件引入本地的 Grails 应用，搭建本地插件开发环境的流程如下。

（1）**创建 Grails 应用和插件**

使用命令分别创建 Grails 应用和插件，如代码 8.2 所示。

```
# 需要创建foo-project 作为根目录
cd foo-project
grails create-app example
grails create-plugin foo
```

代码 8.2 创建 Grails 应用和插件

（2）创建 settings.gradle 文件

在 foo-project 目录下创建 settings.gradle 文件，文件内容如下。

```
include "example", "foo"
```

此时 foo-project 目录下的文件结构如下。

```
foo-project
  - settings.gradle
  - example
    |- ...
    |- build.gradle
  - foo
    |- ...
    |- build.gradle
```

（3）在 Grails 应用中添加 foo 插件

在 example 项目下的 build.gradle 文件中添加代码 8.3 所示内容。

```
grails {
    plugins {
        compile project(':foo')
    }
}
```

代码 8.3 在 build.gradle 中添加 foo 插件

（4）运行 Grails 应用

在 example 目录下运行 Grails 应用，可以使用以下命令。

```
cd example
grails run-app -verbose
```

Grails 应用在启动时可以在控制台看到代码 8.4 所示输出信息。

```
:foo:compileAstJava UP-TO-DATE
:foo:compileAstGroovy UP-TO-DATE
:foo:processAstResources UP-TO-DATE
```

```
:foo:astClasses UP-TO-DATE
:foo:compileJava UP-TO-DATE
:foo:configScript UP-TO-DATE
:foo:compileGroovy
:foo:copyAssets UP-TO-DATE
:foo:copyCommands UP-TO-DATE
:foo:copyTemplates UP-TO-DATE
:foo:processResources
:example:compileJava UP-TO-DATE
:example:compileGroovy
:example:processResources UP-TO-DATE
:example:classes
:example:findMainClass
:example:bootRun
```

代码 8.4 启动应用的输出信息

通过以上步骤就完成了插件本地开发环境的配置，我们可以使用 IntelliJ IDEA 打开 example 项目，IntelliJ IDEA 会根据 Gradle 的配置自动把 foo 项目作为模块加入工程，并且对插件内容的修改也会实时编译生效。

在开发插件时还需要注意一个问题，虽然插件开发与应用开发类似，但插件在打包时会默认排除一些文件，因此在开发插件时需要注意对这些文件的使用。被默认排除的文件如下。

- grails-app/build.gradle。但该文件将用于生成打包后的.pom 文件，用于指定依赖项。
- grails-app/conf/application.yml。但可以使用 plugin.yml 文件作为插件的配置文件。
- grails-app/conf/spring/resources.groovy。
- grails-app/conf/logback.groovy。
- 测试代码，/src/test。
- 版本控制文件，.svn/ 、CVS/、.git/。

除以上默认排除的文件外，我们也可以在 GrailsPlugin 文件中手动指定需要排除的文件。

```
def pluginExcludes = [
    '**/xx/xx/**'
]
```

8.1.2 使用插件与发布插件

完成插件的开发后，有两种方式使用插件：一种方式是将插件安装在本地 Maven 仓库中使用，另一种方式是将插件发布到远程仓库中。

将插件安装在本地 Maven 仓库的命令如下。

```
grails install
```

安装完成后，我们可以在应用的 build.gradle 文件中使用插件。

```
compile "com.xxx.job:job:0.1"
```

将插件安装在本地时，我们只能在自己开发的项目中使用，如果想让其他开发者也可以使用该插件，我们可以将插件发布到公共的仓库中。比如想将插件发布到 Nexus 私服时，可以在 build.gradle 文件中添加代码 8.5。

```
publishing {
    repositories {
        maven {
            credentials {
                username NEXUS_USERNAME
                password NEXUS_PASSWORD
            }
            url "http://[nexus.repo]/repository/releases/"
        }
    }
}
```

代码 8.5　在 build.gradle 中配置仓库

发布完成之后使用该 Nexus 私服的开发者就可以使用该插件了。除了发布到私有的 Nexus 仓库之外，Grails 团队推荐将插件发布到软件分发服务 Bintray 中，Grails 框架的大部分插件都发布在该仓库内，并且 Bintray 对开源项目提供免费服务。

将插件发布到 Bintray 的另一个好处是我们的插件能够被更多人看到，插件发布到 Bintray 后可以将插件加入 Grails Plugin 的官方插件仓库，这样发布的插件可以在 Grails 框架的官方插件集市中被搜索到。

将插件发布到官方插件集市的具体流程此处不详细介绍，感兴趣的读者可以自行查阅插件集市网站中提供的 Publishing Guide。

8.2　插件高级特性

除了使用 Grails 框架提供的基本功能之外，Grails 框架还为插件提供了一系列钩子函数，这些钩子函数为插件提供更加强大的功能。

在介绍钩子函数之前，我们需要了解到每一个插件都隐含了 GrailsApplication 的实例，通过该实例可以访问 Grails 运行时的一些属性，包括注册的组件、上下文等。Grails 框架的组件[①]都实现了 GrailsClass 接口，接口定义了一组组件需要实现的基本方法，在插件中可以

① 例如 Controller、Service 等

通过 GrailsApplication 的实例来访问这些组件。

针对 Grails 框架的组件，GrailsApplication 还提供了一些动态方法，比如访问所有 Controller 组件时可以使用以下方式，如代码 8.6 所示。

```
for (grailsClass in grailsApplication.allClasses) {
    println grailsClass.name
}
for (controllerClass in grailsApplication.controllerClasses) {
    println controllerClass.name
}
```

代码 8.6　controllerClasses

GrailsApplication 提供的动态方法如下。

- *Classes：获取所有指定的组件，例如 grailsApplication.serviceClasses。
- get*Class：根据组件的名称获取指定组件，例如 grailsApplication. get ServiceClass ("Run Service")。
- is*Class：根据传入的类判断是否为指定的组件，例如 grailsApplication.is ServiceClass (Run Service)。

下面介绍 Grails 框架插件中提供的钩子函数，这些钩子函数都定义在 *GrailsPlugin.groovy 中。

8.2.1 doWithSpring()

doWithSpring() 方法返回一个闭包，该闭包用于定义额外的 Spring bean。例如在 Shiro 插件中，使用该方法配置支持 Shiro 正常运行的 bean，如代码 8.7 所示。

```
class ShiroGrailsPlugin extends Plugin {
    ......

    Closure doWithSpring() {
        { ->
            ......
            shiroLifecycleBeanPostProcessor(LifecycleBeanPost
            Processor)
            // 默认权限解析器: WildcardPermissionResolver
            // 将表示权限的字符串转换为
               WildcardPermission实例.
            shiroPermissionResolver(WildcardPermissionResolver)
```

```
            // 默认的认证策略
            shiroAuthenticationStrategy(AtLeastOneSuccessfulStrategy)

            // 默认的认证器
            shiroAuthenticator(ModularRealmAuthenticator) {
                authenticationStrategy = ref("
                    shiroAuthenticationStrategy")
            }

            // 安全管理的实例
            shiroSecurityManager(DefaultWebSecurityManager) { bean ->
                // 为Shiro添加realm实例
                if (!realmBeanNames.isEmpty()) {
                    realms = realmBeanNames.collect {
                        log.debug("Adding realm bean $it")
                        ref(it)
                    }
                }
                sessionManager = ref('shiroSessionManager')
                authenticator = ref("shiroAuthenticator")
                rememberMeManager = ref("shiroRememberMeManager")
            }

            servletShiroFilter(FilterRegistrationBean) {
                filter = ref('shiroFilter')
                urlPatterns = ['/*']
                dispatcherTypes = EnumSet.of(REQUEST, ERROR)
                order = Ordered.HIGHEST_PRECEDENCE + 100
            }
        }
    }
    ......
}
```

代码 8.7 doWithSpring() 方法

上述代码中配置的 Spring bean 指定了 Shiro 的运行方式，在 Grails 框架的应用中可以通过 grails-app/conf/spring/resources.groovy 进行配置，但插件的打包会排除该文件，因此在插件中我们可以通过 doWithSpring() 来定义 Spring bean。

除了定义 Spring bean，我们还可以在 doWithSpring() 中定义 Filter、Servlet，而无须在 web.xml 中进行配置，如上述代码中的 servletShiroFilter 。

8.2.2 doWithApplicationContext()

doWithSpring() 作用于组件装配，但有时我们希望在完成组件装配后执行一些操作，此时可以使用 doWithApplicationContext() 方法，该方法运行时项目中的组件都已经装配完毕。代码 8.8 演示了 shiro 插件中的应用。

```
void doWithApplicationContext() {
    def mgr = applicationContext.getBean("shiroSecurityManager")
    if (mgr.realms == null) {
        log.warn "No Shiro realms configured - access control won't
            work!"
    }
}
```

代码 8.8 doWithApplicationContext() 方法

上述代码会检查已完成组件装配的应用上下文中是否存在可用的 Shiro Realm[①]，当不存在可用 Realm 时，将通过日志告知用户。

8.2.3 doWithDynamicMethods()

doWithDynamicMethods() 方法可以为 Grails 框架的组件和其他类注册动态方法，注册动态方法时需要通过实例的 metaClass 来实现，如代码 8.9 所示。

```
void doWithDynamicMethods() {
    for (serviceClass in grailsApplication.serviceClasses)
        {serviceClass.metaClass.fooMethod = {-> println "foo method" }
    }
}
```

代码 8.9 注册动态方法

在代码 8.9 中，我们为所有的 Service 组件添加了 fooMethod() 方法，当引用 Service 时就可以直接调用 fooMethod() 方法。除了为组件添加方法，我们也可以为其他普通类添加动态方法，如代码 8.10 所示。

① 用于定义在应用中 Shiro 如何进行认证和鉴权操作

```
@Override
void doWithDynamicMethods() {
    String.metaClass.lastChar = {->
        delegate.charAt(delegate.length() - 1)
    }
    assert "D" == "ABCD".lastChar()
}
```

代码 8.10　为 String 添加方法

在上述代码中 String 类添加了 lastChar() 方法，之后所有的 String 对象都可以直接使用该方法。

除增加动态方法之外，我们还可以为组件增加构造器，使构造器可以直接返回 Spring 容器中的组件实例，如代码 8.11 所示。

```
void doWithDynamicMethods()
    for (domainClass in grailsApplication.domainClasses) {
        domainClass.metaClass.constructor = {->
            return applicationContext.getBean(domainClass.name)
        }
    }
}
```

代码 8.11　注册构造器

8.2.4　onChange()

onChange() 方法用于处理监控到的资源变化，Grails 框架本身也是采用这种方式实现应用运行时的热加载。在使用 onChange() 方法时需要首先通过 watchedResources 来定义需要监控哪些资源，如果监控的资源为 Groovy 文件，则文件的修改会作为事件传递给 onChange() 方法来执行，例如在 Grails 框架官方提供的 service 插件中通过 onChange() 方法定义了 Service 组件的加载方式，如代码 8.12 所示。

```
def watchedResources = ["file:./grails-app/services/**/*Service.
                        groovy", "file:./plugins/*/grails-app/
                        services/**/*Service.groovy"]
void onChange(Map<String,Object> event) {
    if (!event.source || !applicationContext) {
        return
```

```
    }
    if (event.source instanceof Class) {
        def application = grailsApplication
        Class javaClass = event.source
        // do nothing for abstract classes
        if (Modifier.isAbstract(javaClass.modifiers)) return
        def serviceClass = (GrailsServiceClass) application.
            addArtefact(ServiceArtefactHandler.TYPE, (Class) event.
            source)
        def serviceName = "${serviceClass.propertyName}"
        def scope = serviceClass.getPropertyValue("scope")
        beans {
            "$serviceName"(serviceClass.getClazz()) { bean ->
                bean.autowire = true
                if (scope) {
                    bean.scope = scope
                }
            }
        }
    }
}
```

代码 8.12　onChange() 方法

可以看到，watchedResources() 方法支持使用通配符，因此在配置监控资源时非常灵活。onChange() 方法接收 event 对象作为参数，监控的资源发生变化后会构造该对象传递给 onChange() 方法执行，event 对象有以下属性。

- event.source：触发事件的文件。
- event.ctx：Spring ApplicationContext 的实例。
- event.plugin：管理插件资源的对象。
- event.application：GrailsApplication 实例。
- event.manager：GrailsPluginManager 实例。

这些属性可以帮助我们更方便地处理资源文件变更的事件。

8.2.5　组件加载顺序

有时候插件的运行需要依赖其他的插件，因此需要指定插件的加载顺序，保证插件可以正常装配到应用中。插件的加载顺序可以通过两个属性指定，第一个是 dependsOn，例如在 Hibernate 插件中，如代码 8.13 所示。

```
class HibernateGrailsPlugin {
    def dependsOn = [dataSource: "1.0",
                     domainClass: "1.0",
                     i18n: "1.0",
                     core: "1.0"]
}
```

代码 8.13　dependsOn

通过 dependsOn 指定的这些插件将在 Hibernate 插件之前被加载，dependsOn 还支持指定依赖插件的版本，如代码 8.14 所示。

```
def dependsOn = [foo: "* > 1.0"]
def dependsOn = [foo: "1.0 > 1.1"]
def dependsOn = [foo: "1.0 > *"]
```

代码 8.14　dependsOn 指定版本

其中 $* > 1.0$ 表示大于 1.0 的任意版本，$1.0 > *$ 表示小于 1.0 的任意版本，$1.0 > 1.1$ 表示在 1.0 和 1.1 之间[1]的版本。

dependsOn 属性的定义具有强制性，也就是当前插件强制依赖定义的插件，如果 dependsOn 中指定的插件依赖无法被处理，那么当前插件也不会被加载到应用中。因此除 dependsOn 之外，我们还可以通过 loadAfter 和 loadBefore 来指定插件的加载顺序。例如在 Shiro 插件中有以下定义。

```
def loadAfter = ["controllers", "services", "logging"]
```

这意味着，如果 controller、service、logging 这 3 个插件存在，则 Shiro 插件的加载在这 3 个插件之后，如果这 3 个插件不存在，则 Shiro 插件可直接加载到应用中。

8.3　自定义组件

在学习 Grails 框架的过程中我们已经了解到，Grails 框架提供了很多约定好的组件，例如 Controller、Service 等。这些组件具有特定的含义，并内置了很多方便的方法，正是基于这些组件，使得 Grails 框架的开发效率大大提升。

除了使用 Grails 框架提供的默认组件之外，Grails 框架的插件体系也支持自定义组件（Artefact）。通过自定义组件，可以为 Grails 框架扩展更丰富的能力，很多插件如 Shiro、Quartz 等，都是通过自定义组件来为 Grails 框架提供对应的功能。

本节我们通过 Quartz 插件提供的 job 组件来讲解如何自定义组件。Quartz 插件为 Grails 框架提供定时任务的能力，使用 Quartz 插件时，我们只需创建其提供的 job 组件，并在 job

① 比如 1.0、1.0.1、1.0.1-SNAPSHOT 等

组件中设置任务的配置和逻辑即可使用定时任务。

Quartz 创建 job 组件的流程如下。

（1）继承 GrailsClass 的接口

首先需要创建继承 GrailsClass 的接口，Grails 框架中所有的组件都继承自该接口，该接口定义了组件的一组默认方法。继承的接口中也可定义一组自定义组件需要实现的默认方法，job 组件对应创建了 GrailsJobClass 接口，接口内容如代码 8.15 所示。

```
public interface GrailsJobClass extends GrailsClass {
    /**
     * Method which is executed by the job scheduler.
     */
    public void execute();

    ......
}
```

代码 8.15　GrailsJobClass

（2）实现 GrailsJobClass 接口

定义 GrailsJobClass 接口后，我们需要为组件提供默认的行为以及实例化组件。由于 GrailsJobClass 接口继承了 GrailsClass，因此在实现 GrailsJobClass 时需要同时继承 AbstractGrailsClass 类，AbstractGrailsClass 类是对 GrailsClass 接口的实现，如代码 8.16 所示。

```
public class DefaultGrailsJobClass extends AbstractGrailsClass
    implements GrailsJobClass {
    public static final String JOB = "Job";

    public DefaultGrailsJobClass(Class clazz) {
        super(clazz, JOB);
    }
    public void execute() {
        getMetaClass().invokeMethod(getReferenceInstance(), EXECUTE,
            new Object[]{});
    }
    ......
}
```

代码 8.16　DefaultGrailsJobClass

在代码 8.16 中，JOB 属性定义了组件的命名规则。一般将文件的结尾作为是否为该组件的一个标识，在 Quartz 插件中，所有的任务组件都需要以 Job 结尾。

（3）**实现 Job 组件的处理器**

完成对组件的定义和默认实现后，我们需要为组件提供处理器。组件的处理器会自动被 Grails 框架识别，并用于处理组件。通常组件处理器用于识别哪些文件是需要被处理的组件，如代码 8.17 所示。

```
public class JobArtefactHandler extends ArtefactHandlerAdapter {
    static final String TYPE = "Job"
    public static Pattern JOB_PATH_PATTERN = Pattern.compile(".+" +
        REGEX_FILE_SEPARATOR + GRAILS_APP_DIR + REGEX_FILE_SEPARATOR+
        "jobs" + REGEX_FILE_SEPARATOR + "(.+)\\.(groovy)");

    public JobArtefactHandler() {
        super(TYPE, GrailsJobClass.class, DefaultGrailsJobClass.class
            , TYPE)
    }

    boolean isArtefact(ClassNode classNode) {
        if(classNode == null ||
           !isValidArtefactClassNode(classNode, classNode.
           getModifiers()) ||
           !classNode.getName().endsWith(DefaultGrailsJobClass.
           JOB) ||
           !classNode.getMethods(GrailsJobClassConstants.EXECUTE)) {
            return false
        }

        URL url = GrailsASTUtils.getSourceUrl(classNode)

        url &&  JOB_PATH_PATTERN.matcher(url.getFile()).find()
    }
    ......
}
```

代码 8.17　JobArtefactHandler

代码 8.17 的 isArtefact() 方法即用于识别哪些文件是组件，可以看到 Quartz 的 job 组件必须被定义在 grails-app/jobs 目录下，并且必须以 Job 结尾并存在 execute() 方法中。

（4）注册组件

最后一步需要使 Grails 框架发现自定义的组件，在 Quartz 插件中，是通过监控资源文件并手动注册组件的方法来实现的。手动注册组件需要在 doWithSpring() 方法中将已存在的 job 组件注册到 Grails 框架的 Spring 容器中，如代码 8.18 所示。

```
Closure doWithSpring() {
    {->
        ......
        // Configure job beans
        grailsApplication.jobClasses.each {GrailsJobClass jobClass ->
            configureJobBeans.delegate = delegate
            configureJobBeans(jobClass, hasHibernate)
        }
        ......
    }
}
```

代码 8.18　使用 doWithSpring() 方法注册组件

如果希望监控运行时 job 组件的变化，则还需要在 QuartzGrailsPlugin.groovy 中定义 watchedResources 属性，监控指定目录中文件的变化。

```
def watchedResources = "file:./grails-app/jobs/**/*Job.groovy"
```

然后需要在 onChange() 方法中处理检测到的文件变化，并将组件注册到 Spring 容器中，如代码 8.19 所示。

```
void onChange( Map<String, Object> event) {
    def pluginEnabled = properties['org.quartz.pluginEnabled']?.
        toBoolean()
    if (pluginEnabled==null) {
        pluginEnabled = true
    }
    if (pluginEnabled) {
        if(event.source) {
            boolean hasHibernate = hasHibernate(manager)
            def jobClass = grailsApplication.addArtefact(
                JobArtefactHandler.TYPE,event.source)
            def jobName = "${jobClass.propertyName}"
            beans {
                configureJobBeans.delegate = delegate
                configureJobBeans(jobClass, hasHibernate)
```

```
            }
        }
        refreshJobs(true)
    }
}

/**
* Configure job beans.
*/
def configureJobBeans = { GrailsJobClass jobClass, boolean
    hasHibernate = true ->
    def fullName = jobClass.fullName

    try {
        "${fullName}Class"(MethodInvokingFactoryBean) {
            targetObject = ref("grailsApplication", false)
            targetMethod = "getArtefact"
            arguments = [JobArtefactHandler.TYPE, jobClass.fullName]
        }

        "${fullName}"(ref("${fullName}Class")) { bean ->
            bean.factoryMethod = "newInstance"
            bean.autowire = "byName"
            bean.scope = "prototype"
        }
    } catch (Exception e) {
        log.error("Error declaring ${fullName}Detail bean in context",
            e)
    }
}
```

代码 8.19　在 onChange() 中注册组件

除代码 8.19 中的方法之外，我们还可以直接定义 artefacts 属性，artefacts 属性指定的处理器将自动处理自定义组件，并注册组件。

```
def artefacts = [JobArtefactHandler]
```

但 artefacts 属性不会监控指定目录的变化，因此，如果需要检测运行时组件的变化，还需在 onChange() 方法中处理资源文件变化后的组件注册。

8.4 本章小结

本章对 Grails 框架的插件体系进行了介绍，从插件的定义、结构到开发过程与插件的发布做了详细的讲解，同时也对插件开发过程中的高级特性进行了介绍。在业务开发过程中，针对常用的、通用的业务环节进行抽象，改写成插件，这可以在以后开发其他业务系统时进行引用，是实现敏捷开发、快速迭代的重要手段。因此，希望读者能够对 Grails 框架的插件体系有足够的认识。

第3部分

应用实例

第 9 章 Grails框架开发实例实践

本部分讲解 Grails 的应用实例。

这里我们以创建一个 Web 应用实例进行讲解，项目完成的功能主要包括学生信息、教师信息、班级、学院、选课、任课等信息的添加和记录。为了便于读者学习，着重对 Grails 框架的使用进行讲解，系统功能体系没有设置得特别复杂，读者可以通过实践进行增补。

实践项目使用的 Grails 版本为 3.3.5，JDK 为 1.8，IDE 为 IntelliJ IDEA Ultimate 2019.2.1，如图 9.1 所示。

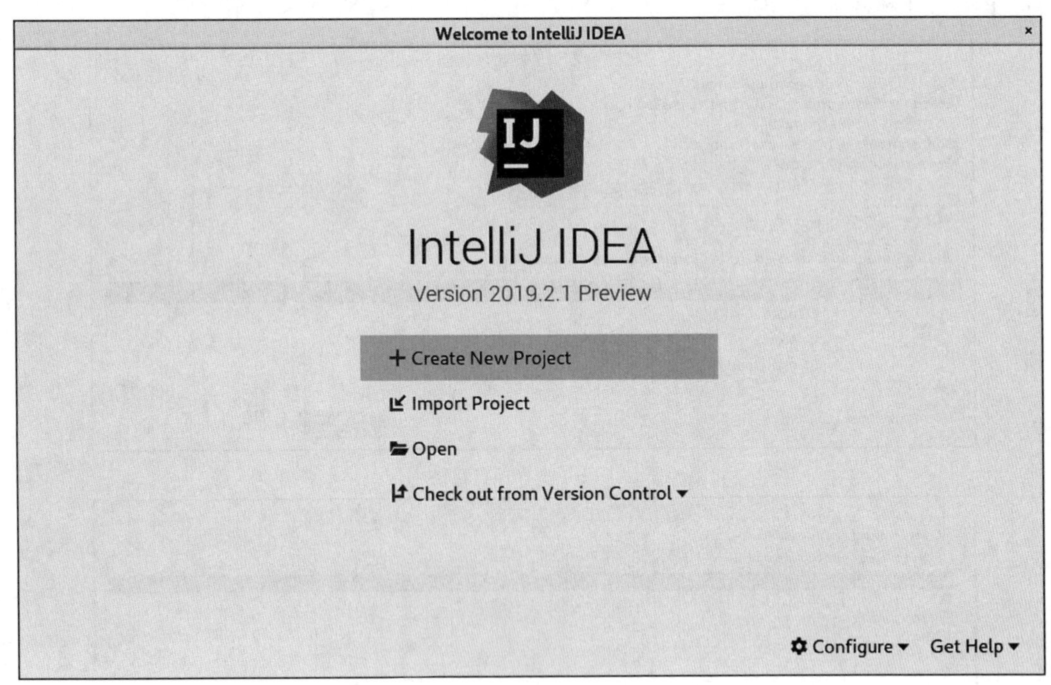

图 9.1　IDEA 启动页

为了便于实践，我们使用 Docker 作为数据库、Web容器的运行环境，数据库使用 MySQL，Web 容器使用 Jetty。

9.1 环境准备

我们首先按照 1.2 节所讲述的方式，安装 Grails 3.3.5、JDK 1.8 以及 IDE、GIT 等辅助工具，这里不再进行讲解。

9.1.1 创建应用程序

在项目存放目录下，我们使用 grails create-app gbook-campus-profile web 命令创建项目。创建完成后，cd gbook-campus 进入项目目录，可以查看项目的目录结构。

这里我们使用 IntelliJ IDEA 导入项目并编写程序。第一次启动 IDEA 界面如图 9.1 所示，选择“Import Project”，选择当前项目所在的 gbook-campus 目录，之后步骤中选择“Create project from_existing sources”，Project name 保持默认，目录保持默认，如图 9.2 所示。然后一直选择 Next 直到图 9.3(a) 所示的选择 SDK 界面，选择 JDK 1.8（第一次使用时需要单击该图左上的 + 导入本地 JDK）。继续下一步，完成导入。

导入完成后进入项目界面，IDEA 会提示 Import Gradle Project，我们单击该按钮，软件会自动检测并加载项目，如图 9.4 所示。加载完成后工具栏中会显示 Grails: gbook-campus，可以单击 ▶ 按钮，启动该项目。

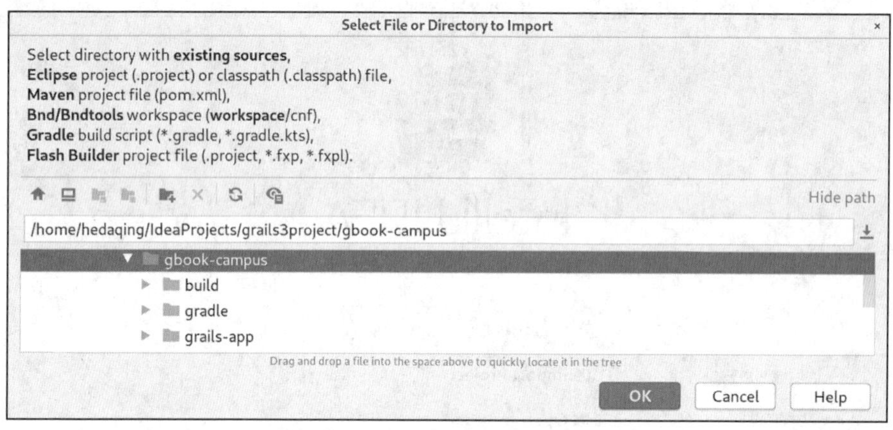

（a）选择项目目录

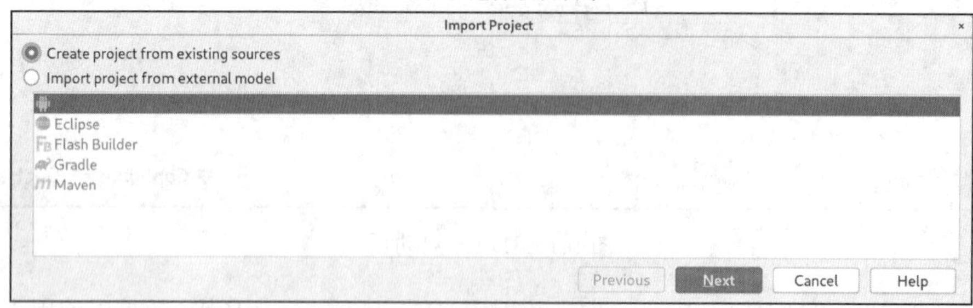

（b）从已有代码创建项目

图 9.2 IDEA 导入已有项目

Import Project

Project name: gbook-campus

Project location: ~/IdeaProjects/grails3project/gbook-campus

Project format: .idea (directory based)

Previous　Next　Cancel　Help

（c）设置项目名称

图 9.2　IDEA 导入已有项目（续）

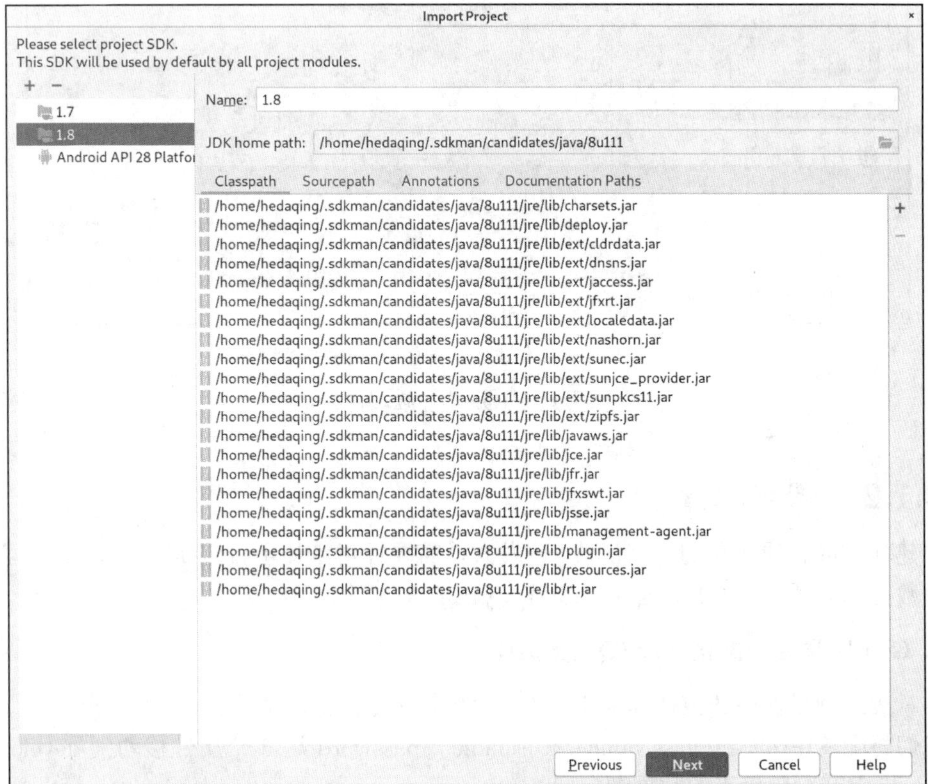

（a）选择SDK

（b）项目导入完成

图 9.3　IDEA 选择 JDK 版本并完成导入

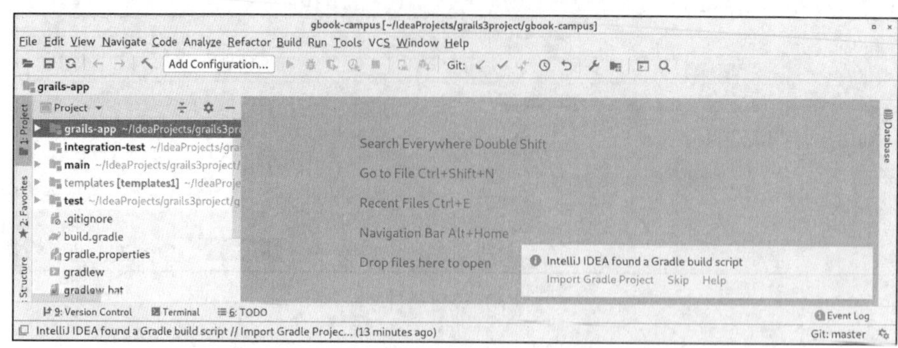

（a）项目导入完成后进入IDEA主窗口

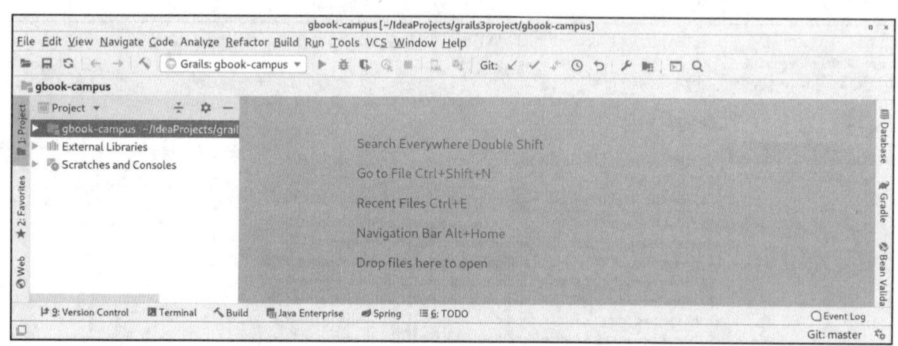

（b）完成Import Gradle Project

图 9.4　IDEA 加载项目

9.1.2　修改配置

新建项目的各项配置均为默认值，开发人员需要针对当前项目定制配置项。这里我们首先修改数据库配置，由 H2 数据库更改为 MySQL 数据库。

1. Grails 项目中配置 MySQL 数据库

本章实践项目使用的数据库为 MySQL，修改相关配置如代码 9.1 所示。

我们将配置中 driverClassName 、username 、password 这 3 个属性移动到 development 节点下，指定开发环境下的数据源配置。

配置项中设置 MySQL 数据库驱动类为 com.mysql.jdbc.Driver，该驱动类包含在 mysql-connector-java 插件中，因此需要在 build.gradle 中添加插件依赖 runtime'mysql:mysql-connector-java:5.1.40'。本项目使用的数据库名称为 gbook-campus ，配置项中通过 url 属性指定数据库的访问链接。

我们每次更改 build.gradle 文件后，IDEA 会提醒用户“Gradle projects need to be imported”，在对话框中选择“Enable auto-Import”，这样每次更改配置信息时会自动更新依赖。

```
dataSource:
    pooled: true
    jmxExport: true
#     driverClassName: org.h2.Driver
#     username: sa
#     password: ''

environments:
    development:
        dataSource:
            dbCreate: update
            driverClassName: com.mysql.jdbc.Driver
            username: root
            password: root
            url: jdbc:mysql://localhost:3306/gbook-campus?
                useUnicode=true&characterEncoding=UTF-8
            dialect: org.hibernate.dialect.MySQL5InnoDBDialect
```

代码 9.1 配置 MySQL 数据库

2. 配置 MySQL 数据库服务器

MySQL 数据库可以在本地安装，也可以使用远程服务器上的数据库。为了简化环境配置，我们本地安装了 Docker 容器化环境运行 MySQL 容器，并将端口 3306 开放，用来提供数据库服务。Docker 是一种容器引擎，可以实现应用的快速部署和弹性扩展，后续我们还会使用 Docker 作为部署环境。

Docker 环境安装完成后，便可以在 Docker 官方镜像库中下载 MySQL 容器镜像，这里我们选择 MySQL 5.6 版本镜像。通过 docker pull mysql/mysql-server:5.6 命令可以下载该镜像到本地。

镜像下载完成后，可以通过代码 9.2 中的命令运行该镜像。命令中我们设置了端口映射、管理员密码，同时挂载了本地存储（/docker/mysql/data）作为数据文件的存储空间，防止容器重启时数据丢失。

```
sudo docker run--name mysql-p 3306:3306-e MYSQL_ROOT_PASSWORD=root \
    -v ~/docker/mysql/data:/var/lib/mysql \
    -d --restart=no mysql/mysql-server:5.6 \
    --character-set-server=utf8 --collation-server=utf8_general_ci
```

代码 9.2 启动 MySQL 数据库容器

MySQL 容器启动后可以在命令行登录并创建项目所用的数据库。登录 MySQL 容器的命令为 docker exec-it mysql/bin/bash，进入容器后，使用 mysql-uroot-proot 命令进入数据库管理模式，在命令行中创建数据库的命令为 create database'gbook-campus' default character set utf8;。通过以上 3 个命令，我们便完成了数据库 gbook-campus 的创建工作。

至此一个可以运行的项目就创建完成了，我们可以在 IDEA 中运行该项目，在浏览器地址栏中输入 http://localhost:8080/ 即可访问该项目。

9.2 创建模型

根据前面章节介绍，模型即当前业务的抽象，是对场景中涉及的对象的描述。在学生信息管理系统中，最核心的对象是学生，还包括一些辅助管理的信息，如学院、班级、课程、任课教师等，项目的 ER 图如图 9.5 所示。

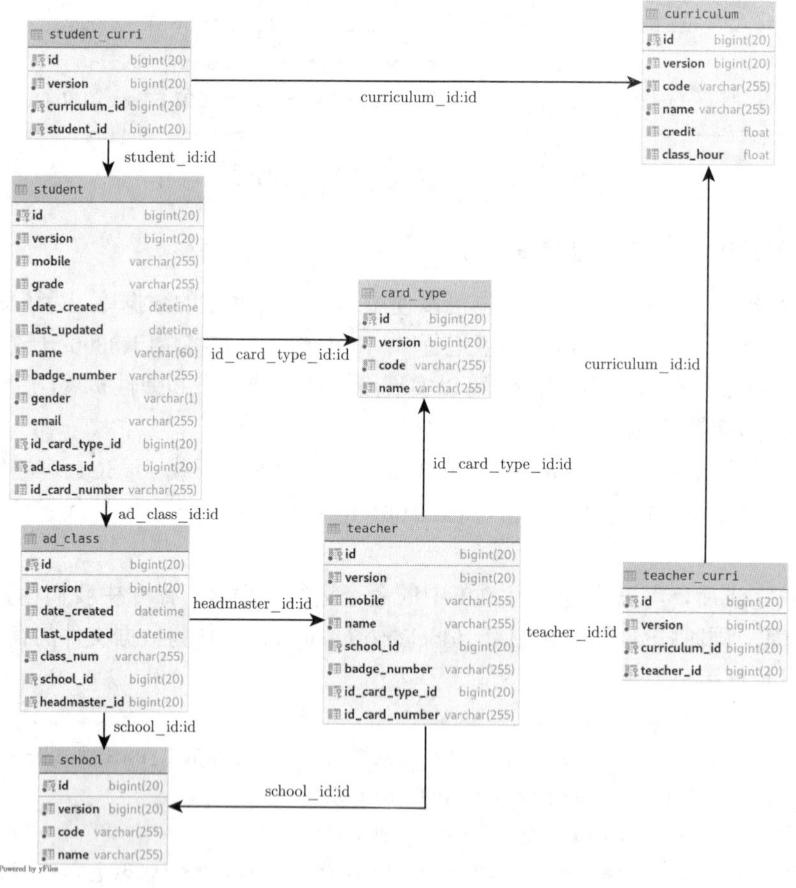

图 9.5 学生信息管理系统数据模型 ER 图

系统记录了每个人员的基本信息，使用 CardType 作为身份证件类型的字典类。学院（School）、班级（AdClass）之间为一对多的关系，教师（Teacher）与学院之间为多对一的关系，同时教师任班主任时，则与班级构成一对一的关系。课程信息记录在 Curriculum 中，课程信息与学生构成选课信息，与教师构成任课信息，分别构成多对多的关系，通过 StudentCurri 和 TeacherCurri 记录对应关系。

我们以 Student 模型为例，首先创建学生的模型，使用 grails create-domain student 命令创建模型，或者在 IDEA 中右击 grails-app/domain 目录，选择新建 Grails 模型，输入模型名称 student 即可。

创建完成后在 Student.groovy 文件中添加一些学生的属性类别和约束信息，如代码 9.3 所示。

```
class Student {
    // 添加创建、修改日期
    Date dateCreated
    Date lastUpdated

    String name
    String badgeNumber
    String mobile
    String email
    String idCardNumber
    String gender = '男'

    String grade
    String classNum

    static constraints = {
        dateCreated nullable: true
        lastUpdated nullable: true

        name nullable: false, maxSize: 60, blank: false
        badgeNumber nullable: false, blank: false, unique: true
        mobile nullable: true, validator:{ mobile ->
            if (!(mobile ==~ /^1[3|4|5|6|7|8]\d{9}/)) {
                // return the message code
                // map to the code 'student.mobile.illegal' in file
                    message.properties
                return ['illegal']
            }
```

```
        }
        email email: true, nullable: true, blank: false
        idCardNumber nullable: true
        gender nullable:  false, inList:  ['男', '女']
        grade nullable: true, blank: false
        classNum nullable: true, blank: false
    }
}
```

代码 9.3 创建 Student 模型

为了让读者尽快了解并观察项目运行情况，我们继续创建 Student 控制器。在项目目录下使用 grails create-controller Student 命令，创建 Student 对应的控制器，并按照代码 9.4 修改。代码中添加 static scaffold = Student 属性，使用脚手架模板实现基本读写操作。

```
package gbook.campus
class StudentController {
    static scaffold = Student
}
```

代码 9.4 修改 StudentController 为动态脚手架形式

此时，我们运行项目，启动后访问 http://localhost:8080/ 即可看到链接 gbook.campus.StudentController，单击后进入学生信息管理界面。我们可以在界面上操作，创建一些记录，也可以在创建过程中尝试触发模型中添加的约束条件，观察系统如何响应。另外也可以通过编写测试文件更加方便地来验证，测试文件参考 9.9.1 节。

需要特殊说明的是 mobile 字段的约束条件，这里使用了自定义的规则校验是否为手机号。如果手机号满足条件，则程序继续运行；如果不满足，则返回 ['illegal']，这里的数组对应的是 message.properties 中定义的内容，第一个元素为当前字段相关的提示信息，这里对应 student.mobile.illegal，数组中之后的元素则对应该提示信息中的参数（如果有的话）。因此我们在 messages.properties 文件中添加 student.mobile.illegal=Mobile number is illegal in China，在 messages_zh_CN.properties 文件中添加 student.mobile.illegal= 手机号码非有效的电话号码。当手机号码错误时，可以看到系统提示信息为 i18n 文件中定义的内容。

9.3 构建业务模型

在 9.2 节中我们创建了学生信息表，文本信息包括姓名、学号、电话号码等，每个人的信息都不相同，按照文本信息管理即可。但对于班级、学院等信息，不仅需要作为学生的信息进行管理，还应作为独立的实体与学校的管理规则对应，因此我们分别针对这样的属性创建模型。同时为了实现数据规范化管理以适应更多应用场景，我们添加了证件类型（CardType）作为字典类。

修改 Student.groovy 内容如代码 9.5 所示。

```
package gbook.campus

class Student {

    // 添加创建、修改日期
    Date dateCreated
    Date lastUpdated

    String name
    String badgeNumber
    String mobile
    String email
    CardType idCardType
    String idCardNumber
    String gender = '男'

    String grade
    AdClass adClass // Administrative class

    static constraints = {
        dateCreated nullable: true
        lastUpdated nullable: true

        name nullable: false, maxSize: 60, blank: false
        badgeNumber nullable: false, blank: false, unique: true
        mobile nullable: true, validator:{ mobile ->
            if (!(mobile ==~ /^1[3|4|5|6|7|8]\d{9}/)) {
                // return the message code
                // map to the code 'student.mobile.illegal' in
                    file message.properties
                return ['illegal']
            }
        }
        email email: true, nullable: true, blank: false
        idCardType nullable: true
        idCardNumber nullable: true, blank: false
```

```
        gender nullable:  false, inList:  ['男', '女']
        grade nullable: true , blank: false
        adClass nullable: true , blank: false
    }
}
```

代码 9.5 修改 Student 模型

这里我们没有使用 hasMany 和 belongsTo 关键字。该项目模型之间虽然存在从属关系，但是并不适用于级联操作。身份证件类型、学院、班级这样的属性，更多的是作为管理属性出现，因此我们没有使用 hasMany 和 belongsTo 关键字的定义方式，而是直接使用模型对象作为元素。

同时我们创建 CardType、AdClass、Curriculum、School、Teacher 等模型，并定义各自属性。

需要注意的是，我们没有使用 hasMany 和 belongsTo 关键字，多对多的关系需要我们手动维护。因此我们建立课程与学生、课程与教师对应关系的中间表，对应文件为 StudentCurri.groovy、TeacherCurri.groovy 。

以 TeacherCurri.groovy 为例，内容如代码 9.6 所示。我们约定教师和课程是联合主键，一位老师和一门课程的对应关系只能出现一次。

```
package gbook.campus

class TeacherCurri {

    Teacher teacher
    Curriculum curriculum
    static constraints = {
        teacher nullable: false , unique: ['teacher', 'curriculum']
        curriculum nullable: false
    }
}
```

代码 9.6 编写 TeacherCurri 模型

至此，我们一共创建了 8 个模型，同时读者可以仿照 StudentController.groovy 创建 8 个相应的控制器类，均使用 scaffold 模板进行创建，基础的业务模型至此搭建完成。

9.4　创建页面模板

Grails 框架默认使用的模板可能并不能满足我们的需求，这里我们尝试修改页面的显示效果，以此深入理解模板的使用。

9.4.1　修改 layout

从前面 GSP 章节的讲解中我们知道，Grails 框架支持使用 layout 来修改页面的显示风格，默认生成的页面中也使用到了 layout，我们以 grails-app/views/index.gsp 为例来观察，可以看到该文件中有一句：

```
<meta name="layout" content="main"/>
```

这句表明该页面使用的 layout 模板为 grails-app/views/layouts/main.gsp，因此我们可以修改 main.gsp 文件来定制网站页面的显示风格。需要注意的是，在 scaffolding 模板插件生成每个操作页面的时候，引用的 layout 同样为 main.gsp 文件，所以修改 main.gsp 文件不仅仅是更改 index.gsp 的布局，而是更改所有页面的布局。

该项目中我们使用 Bootstrap 定制页面。首先从 Bootstrap 官网下载 bootstrap.min.css 和 bootstrap.js 文件，分别放在项目的 grails-app/assets/stylesheets/和 grails-app/assets/javascripts/ 文件夹内。然后在 css 目录下创建 dashboard.css 文件，并参考实践项目代码库中的源码进行编辑。同时修改 stylesheets 目录下的 application.css 文件，仅保留 *= require bootstrap.min、*= require dashboard 两行内容，该文件决定了将哪些样式文件应用在网页中，main.gsp 文件通过 asset:stylesheet src="application.css" 来使用 application.css 文件。

我们可以为网站页面添加顶部导航栏和左部导航栏。在 grails-app/views/layouts/ 目录下创建 _head_nav.gsp 和 _left_nav.gsp 文件，并参考项目源代码进行编辑。在 main.gsp 文件中可以使用 template 标签引用这两个文件，如源代码中的 tmpl:/layouts/head_nav、tmpl:/layouts/left_nav。

_head_nav.gsp 模板中需要显示网站的名称，为了方便配置和修改，可以将项目名称定义在配置文件中，在 application.yml 文件最后添加代码 9.7 中的节点。

```
plateform:
    app:
        name: 学生信息管理系统
```

代码 9.7　在 application.yml 中添加自定义节点

对于 _head_nav.gsp 文件，我们使用代码 9.8 来引用。

```
    <g:link absolute="true" uri="/" class="navbar-brand">
```

```
    ${grailsApplication.config.plateform.app.name ?: 'Grails'}
</g:link>
```

代码 9.8 引用 application.yml 中的配置信息

接下来创建 DashboardController 和 LanguageController 分别作为项目首页和语言切换的控制器。DashboardController 保持默认即可，我们后续再修改；LanguageController 按照代码 9.9 中内容来修改。代码中添加了对链接的判断，确定是本站链接后再进行跳转，防止攻击者修改跳转链接诱导用户访问恶意站点。

```
class LanguageController {
    def change() {
        String ref = params.get('ref', '')
        String hostname = g.createLink(absolute: true, uri: '')
        if (ref.startsWith(hostname)) {
            redirect(url: ref)
        } else {
            redirect(url: hostname)
        }
    }
}
```

代码 9.9 创建 LanguageController

9.4.2 修改 templates 文件

以上布局修改完成后，我们单击 StudentController 的链接，在进行创建、查看等操作时，会发现页面布局并不美观，页面依然是使用模板来显示的，因此我们需要配合当前布局来修改脚手架生成的模板内容。

在 Grails 中，脚手架插件使用的是 scaffolding，我们可以使用 grails installtemplates 命令将模板文件复制到 grails-app/src/main/templates/scaffolding 目录下。根据 scaffolding 插件的约定，当 grails-app/src/main/templates/scaffolding 目录下存在模板文件时，首先使用该目录下的模板，否则使用插件自带的模板。

因此我们只需要更改该文件夹下的模板即可更改每个页面的显示。模板文件的改动不需要特别大，稍作调整便可更改布局。

在模板文件中，我们主要更改了右侧布局中的顶部导航部分，将默认的链接修改为按钮，并调整样式，在代码中为 div.page-header 节点部分。针对 grails-app/src/main/templates/scaffolding 目录下的 index.gsp 、show.gsp 、edit.gsp 、create.gsp 这 4 个文件进行了修改，调整的部分以 index.gsp 为例，如代码 9.10 所示。

```
...
<div id="list-${propertyName}" class="content scaffold-list" role=
    "main">
    <div class="page-header">
        <g:link action="create" class="btn btn-primary pull-
            right">
            <g:message code="default.button.create.label" default=
                "Create"/>
        </g:link>
        <h1>
            <g:message code="default.list.label" args="[entityName
                ]" />
        </h1>
    </div>

    <g:if test="\${flash.message}">
    ...
```

代码 9.10　调整页面模板中顶部导航部分

需要注意的是，模板代码并不是严格的、可以直接使用的 GSP 文件，里面使用了一些参数，同时还有针对特殊符号的转义，scaffolding 插件会自动处理模板文件并生成可以使用的 GSP 内容，当然这个处理过程是运行中进行的，解析生成的 GSP 文件也是中间态，不会显式存储。这里我们在编写模板的时候需要特别注意一下。完成 grails-app/src/main/templates/scaffolding 目录下的文件更改后需要重启项目模板才可以生效。

9.4.3　编写 GSP 文件

以上我们讲解的是如何使用模板调整所有页面的布局与显示，接下来，我们学习直接创建一个 GSP 作为显示页面，以取代模板。

我们以 CardType 类的操作页面为例，在项目目录下执行 grails generate-views cardType 命令，该命令会在 grails-app/views/cardType/ 目录下仿照模板文件生成 edit、index、create、show 这 4 个 GSP 文件。

我们以 create.gsp 为例，访问页面链接 http://localhost:8080/cardType/create，这里默认的字段显示不是很美观，我们尝试在该文件内更改其显示。

我们将文件中 form 部分的代码按照代码 9.11 进行修改。

1. 修改 create.gsp 文件

```
%{-- grails-app/views/cardType/create.gsp --}
```

```
<g:form resource="${this.cardType}" method="POST"
class="form-horizontal">
    <fieldset class="form">
%{--            <f:all bean="cardType"/>--}%
        <div class="form-group">
            <label for="name" class="col-sm-2 control-label">
                <g:message code="cardType.name.label" default="Name" /
                    >
            </label>
            <div class="col-sm-10">
                <input type="text" name="name" class="form-control" id
                    ="name"
                     placeholder="请输入证件类型名称" required="required">
            </div>
        </div>
        <div class="form-group">
            <label for="code" class="col-sm-2 control-label">
                <g:message code="cardType.code.label" default="Code" /
                    >
            </label>
            <div class="col-sm-10">
                <input type="text" name="code" class="form-control" id
                    ="code"
                     placeholder="请输入证件类型编号" required="required">
            </div>
        </div>
    </fieldset>
    <fieldset class="buttons">
        <div class="form-group">
            <div class="col-sm-offset-2 col-sm-10">
                <g:submitButton name="create" class="btn btn-default"
                     value="${message(code: 'default.button.create.
                         label', default: 'Create')}"/>
            </div>
        </div>
    </fieldset>
</g:form>
```

代码 9.11　修改 create.gsp 文件

我们将 <f:all bean="cardType"/> 注释掉，直接将每个字段的输入框部分写在 create.gsp 文件中并分别对显示效果进行定制，同时更改 button 的样式，针对页面做出调整。在浏览器中刷新页面可以查看更改后的效果。

2. 修改 scaffolding 模板

针对 CardType 的 create.gsp 页面调试完成后，可以将修改后的内容同步到 grails-app/src/main/templates/scaffolding/create.gsp 文件，这样其他模型的 create 页面便可以与 CardType 的页面风格保持一致。

我们针对所有 create 页面共有的部分进行修改，将 grails-app/src/main/templates/scaffolding/create.gsp 文件中相关对应部分修改，如代码 9.12 所示。这部分代码中没有针对每个字段进行更改，主要更改了 form 的样式和 button 的样式，9.4.4 节会讲解配合 fields 插件定制单个字段的显示。

```
%{-- src/main/templates/scaffolding/create.gsp --}%
<g:form resource="\${this.${propertyName}}" method="POST" class="
    form-horizontal">
    <fieldset class="form">
        <f:all bean="${propertyName}"/>
    </fieldset>
    <fieldset class="buttons">
        <div class="form-group">
            <div class="col-sm-offset-2 col-sm-10">
                <g:submitButton name="create" class="btn btn-
                    default"
                                value="${message(code: 'default.
                                    button.create.label', default
                                    : 'Create')}"/>
            </div>
        </div>
    </fieldset>
</g:form>
```

代码 9.12 修改 create 页面的脚手架模板

9.4.4 使用 fields 插件定制内容显示

在代码 9.11 中，我们将 CardType 的每个字段都写出来，并放在 create.gsp 文件中，这里只有两个字段，如果有很多字段，这个文件内容将变得很多，文件将难以维护。

这里我们需要借助 Grails fields 插件来对字段显示进行管理。该插件针对表单中模型的属性显示提供了很多集成的 taglib，可以很方便地对不同属性的表单字段进行管理。避免了大量的复制、粘贴等工作，这与 GSP 插件的模板思想相通，并且模板的搜索与优先级也遵循约定原则。

读者可以自行搜索该插件的使用手册学习其用法，这里我们对上述代码进行优化。根据说明文档，可以得知插件是按照约定的优先级来查找字段模板的，大致可以归结为：模板所在的概念范畴颗粒度越细，则模板的使用优先级越高。查找的路径优先级由高到低如代码 9.13 所示，其中 controllerNamespace 为控制器的命名空间名称，controllerName 为控制器名称，actionName 为方法名称，propertyName 为字段名称，themeName 为主题名称，propertyType 为属性的数据类型名称。

```
grails-app/views/controllerNamespace/controllerName/actionName/
    propertyName/_themes/themeName/
grails-app/views/controllerNamespace/controllerName/actionName/_themes
    /themeName/propertyType/
grails-app/views/controllerNamespace/controllerName/actionName/_themes
    /themeName/
grails-app/views/controllerNamespace/controllerName/propertyName/_
    themes/themeName/
grails-app/views/controllerNamespace/controllerName/_themes/themeName/
    propertyType/
grails-app/views/controllerNamespace/controllerName/_themes/themeName/
grails-app/views/controllerName/actionName/propertyName/_themes/
    themeName/
grails-app/views/controllerName/actionName/_themes/themeName/
    propertyType/
grails-app/views/controllerName/actionName/_themes/themeName/
grails-app/views/controllerName/propertyName/_themes/themeName/
grails-app/views/controllerName/_themes/themeName/propertyType/
grails-app/views/controllerName/_themes/themeName/
grails-app/views/_fields/_themes/themeName/class/propertyName/
grails-app/views/_fields/_themes/themeName/superclass/propertyName/
grails-app/views/_fields/_themes/themeName/associationType/
grails-app/views/_fields/_themes/themeName/propertyType/
grails-app/views/_fields/_themes/themeName/propertySuperclass/
grails-app/views/_fields/_themes/themeName/default/
grails-app/views/controllerNamespace/controllerName/actionName/
    propertyName/
grails-app/views/controllerNamespace/controllerName/actionName/
    propertyType/
```

```
grails-app/views/controllerNamespace/controllerName/actionName/
grails-app/views/controllerNamespace/controllerName/propertyName/
grails-app/views/controllerNamespace/controllerName/propertyType/
grails-app/views/controllerNamespace/controllerName/
grails-app/views/controllerName/actionName/propertyName/
grails-app/views/controllerName/actionName/propertyType/
grails-app/views/controllerName/actionName/
grails-app/views/controllerName/propertyName/
grails-app/views/controllerName/propertyType/
grails-app/views/controllerName/
grails-app/views/_fields/class/propertyName/
grails-app/views/_fields/superclass/propertyName/
grails-app/views/_fields/associationType/
grails-app/views/_fields/propertyType/
grails-app/views/_fields/propertySuperclass/
grails-app/views/_fields/default/
```

代码 9.13 fields 插件查询字段模板路径

这里我们在 grails-app/views/cardType/ 目录下创建 code 和 name 子目录，分别对应 cardType 的两个字段。根据说明文档，我们在两个目录下分别创建名称为 _wrapper.gsp 的文件，并将 create.gsp 文件中两个字段对应的显示内容分别放在两个 _wrapper.gsp 文件中，代码 9.14 所示为字段 code 对应的内容。

```
%{-- grails-app/views/cardType/code/_wrapper.gsp --}%
<div class="form-group">
    <label for="code" class="col-sm-2 control-label">
        <g:message code="cardType.code.label" default="Code" />
    </label>
    <div class="col-sm-10">
        <input type="text" name="code" class="form-control" id="
            code"
             placeholder="请输入证件类型编号" required="required">
    </div>
</div>
```

代码 9.14 创建 code 字段的输入模板

两个 _wrapper.gsp 文件编辑好后，将原 create.gsp 文件中的这两个字段对应的代码删除，并取消 <f:all bean="cardType"/> 的注释，如代码 9.15 所示。

```
%{-- grails-app/views/cardType/create.gsp --}%
<g:form resource="${this.cardType}" method="POST" class="form-
    horizontal">
    <fieldset class="form">
        <f:all bean="cardType"/>
    </fieldset>
    <fieldset class="buttons">
        <div class="form-group">
            <div class="col-sm-offset-2 col-sm-10">
                <g:submitButton name="create" class="btn btn-
                    default"
                                value="${message(code: 'default.
                                    button.create.label', default
                                    : 'Create')}"/>
            </div>
        </div>
    </fieldset>
</g:form>
```

代码 9.15 编写 cardType 的 create.gsp 文件

这里我们将两个字段编辑时的显示形式分别写入了两个 _wrapper.gsp 文件，fields 插件还可以根据字段类型来定制显示。code 和 name 两个字段都是 String 类型，构建 String 类型的字段显示样式，则可以将两个 _wrapper.gsp 文件用一个来代替。根据字段类型来定制显示时，需要根据规则 grails-app/views/_fields/propertyType/ 来进行定制。首先创建 grails-app/views/_fields/String/文件夹，然后在该文件夹中创建 _wrapper.gsp 文件，编写显示代码。

源码中 String 类型的显示模板为示例代码。通过字段类型来控制显示是相对底层的一个规则，完整的实现则需要适配多种使用情况，比如字段是否为 inList，字段是否有长度限制，字段是否为长文本等，这里仅实现了简单的显示。我们以 String 类型作为实践，完整的一套模板代码应该包括其他类型，如 Boolean、date、integer、manyToMany、manyToOne、oneToMany 等字段类型，读者可以自行实现。

需要注意的是，fields 插件的说明文档的某些地方并不完整，如示例代码中的"beanClass"参数，文档中没有提及，需要查看源代码才可以发现。

一个相对较完整的、根据字段类型定制显示的基本模板如代码 9.16 所示（以 String 类型为例）。

```
%{-- grails-app/views/_fields/string/_wrapper.gsp --}%
%{-- String类型的字段默认使用该模板作为输入显示布局--}%
```

```
<div class="form-group">
    <label for="${property}" class="col-sm-2 control-label">
        <g:message code="${beanClass?.decapitalizedName}.${
            property}.label" default="${label}"/>
    </label>

    <div class="col-sm-10">
        <g:if test="${constraints.inList}">
            <g:select from="${constraints.inList}" id="${property}
                " name="${property}" value="${value}"
                      required="${required}"class="form-control"/>
        </g:if>
        <g:elseif test="${constraints.maxSize}">
            <g:if test="${constraints.maxSize > 100}">
                <g:textArea name="${property}"id="${property}"
                    value="${value}" required="${required} "rows=
                      "5"
                              class="form-control"/>
            </g:if>
            <g:else>
                <g:textField name="${property}" id="${property}"
                    value="${value}"
                              required="${required}" class="form-
                                  control"/>
            </g:else>
        </g:elseif>
        <g:else>
            <g:textField name="${property}" id="${property}" value
                ="${value}"
                         required="${required}" class="form-
                             control"/>
        </g:else>
    </div>
</div>
```

代码 9.16 String 类型字段 wrapper.gsp 文件

该模板中使用到的 property、beanClass、label、constraints、value、required 变量均为模板传递过来的参数，其使用规则可以在 fileds 插件说明文档中查看，也可以查看 fields 插件的 grails-app/taglib/grails/plugin/formfields/FormFieldsTagLib.groovy 源代码文件中的

buildModel() 方法。

以上我们学习了使用 fields 插件完成字段显示的定制，并以 CardType 模型为例进行实践。我们仿照该方式，对其他模型的字段编辑时的显示样式进行更改。这里不再详细介绍更改方式，读者可自行查看代码。

根据我们创建的模型，为每个字段定制编辑时的显示样式后，就可以创建记录了。我们依次为每个模型创建记录，可以在每个模型的 index 界面查看记录列表。在 Teacher 模型的 index 界面中，可以看到 School 字段和 Id Card Type 字段显示的形式如 "gbook.campus.CardType : 1"，并不利于使用人员查看。我们可以分别在 School.groovy、CardType.groovy 文件中添加 toString() 方法，如代码 9.17 所示。

```
String toString() {
    "${name}(${code})"
}
```

代码 9.17 为模型添加 toString() 方法

如果我们按照代码 9.17 所示内容更改 School 模型的 toString() 方法，则会发现在 Teacher 模型的 index 界面中，School 字段的显示内容发生了变化，改为 name(code) 形式了。我们可以使用以上方法来定制每个模型的 toString() 方法，来更改 index 页面的显示效果。

除每个字段的显示内容外，表格的样式也需要进行定制。新版本的 fields 插件中，table 标签可以传入 template 参数来指定 table 的样式模板。但这里需要注意，Grails 默认引用的 fields 插件版本为 2.2.5，该版本插件无法使用 template 参数。而且该插件与 scaffolding 插件存在依赖关系，强行更改很可能出现运行错误，因此我们使用其他方式来更改 table 样式。我们在 application.js 文件最后，加入语句 "$("table").attr("class", "table");"，即为网站中所有 table 标签添加 class 属性，以此来统一更改样式。

9.4.5 使用 Taglib

在上文的 grails-app/views/_fields/cardType/_wrapper.gsp 文件中，下拉框选择 cardType 字段值，我们使用的是 g:select 标签，传递的参数比较复杂。如标签中的 from、optionKey、optionValue 等参数，每次都是固定的，这里可以通过自定义 taglib 来实现定制，省去编写重复代码的工作。通过 grails create-taglib My 命令，来创建 grails-app/taglib/gbook/campus/MyTagLib.groovy 文件。

我们编写了该文件内容，如代码 9.18 所示。

```
package gbook.campus

class MyTagLib {
```

```
    static defaultEncodeAs = [taglib:'none']
    static namespace = "my"
    //static encodeAsForTags = [tagName: [taglib:'html'],
        otherTagName: [taglib:'none']]

    def selectCardType = {attrs, body ->
        attrs['from'] = CardType.list()
        attrs['optionKey'] = 'id'
        attrs['optionValue'] = 'name'
        attrs['class'] = 'form-control'
        out << g.select(attrs)
    }
}
```

代码 9.18 添加 Taglib

并将 _wrapper.gsp 文件中的 g:select 标签的内容进行更改，如代码 9.19 所示。

```
<my:selectCardType name="${property}" id="${property}" value="${
    bean?."${property}".id}" required="${required}"/>
```

代码 9.19 GSP 文件中使用自定义 Taglib

以后每次需要用户填写 cardType 字段时，就可以通过 my:selectCardType 标签来实现了。

这就是使用自定义标签的方便之处。我们不仅可以根据需要来统一调整样式，还可以写入更加复杂的控制逻辑，比如筛选当前用户拥有访问权限的记录，实现代码的精简和风格的统一。

9.5 认证和权限控制

账户管理以及权限认证是任何一个管理系统必备的功能，Grails 框架本身不包括这些功能，但是可以通过添加插件来完善。这里我们选择 grails-shiro 插件，该插件在 Grails 框架上实现了 shiro 认证机制，尽可能让这部分功能使用起来方便快捷并且易于扩展。

（1）**添加 grails-shiro 插件**

通过命令创建的 Grails 3 项目不包括该插件，我们需要自行引用该插件。在 build.gradle 文件中加入 compile "org.grails.plugins:grails-shiro:3.1" 语句，等待 Gradle 更新插件后，便可开始使用。

依据插件的使用说明文档，插件引入成功后，在项目目录下执行 grails shiro-quick-start 脚本，系统会创建 AuthController.groovy、AuthInterceptor.groovy 文件，同时创建该控制器对应的视图文件，并且添加了 grails-app/realms 文件夹，以及 ShiroRole 与 ShiroUser 两个模型。

通过查看创建的文件，我们可以知道 grails-shiro 插件是通过拦截器来控制哪些方法需要登录后访问的。默认生成的拦截器是 AuthInterceptor.groovy，对所有访问 AuthController 的请求都会拦截。我们可以通过修改该拦截器来灵活配置访问权限，针对需要登录才能访问的控制器进行拦截。根据 4.10 节所述，我们可以通过 matchAll() 方法来配置当前拦截器的拦截条件。

执行完 shiro-quick-start 命令后，重新运行项目，可以发现除了创建了两个模型对应的数据表，还有 shiro_role_permissions、shiro_user_permissions、shiro_user_roles 这 3 个数据表，分别对应角色权限、用户权限和用户角色。

（2）**创建默认角色与用户**

我们可以在项目启动时首先创建默认的角色和用户，以便管理项目。在 grails-app/init/gbook/campus/Bootstrap.groovy 文件中，添加代码 9.20 所示的配置。

```
PasswordService credentialMatcher

def init = { servletContext ->
    // 添加Admin角色以及权限
    ShiroRole adminRole = ShiroRole.findOrCreateByName("ADMIN")
    adminRole.addToPermissions("*:*")

    // 添加User角色以及权限
    ShiroRole userRole = ShiroRole.findOrCreateByName("USER")

    // 添加Admin人员并赋权
    ShiroUser adminUser = ShiroUser.findByUsername("admin")
    if (!adminUser) {
        adminUser = new ShiroUser(
                username: "admin",
                passwordHash: credentialMatcher.encryptPassword
                   ("admin"),
                roles: [adminRole]
        )
        adminUser.save(failOnError: true, flush: true)
    }

    // 添加User人员并赋权
    ShiroUser userUser = ShiroUser.findByUsername("user")
    if (!userUser) {
```

```
        userUser = new ShiroUser(
                username: "user"  ,
                passwordHash: credentialMatcher.encryptPassword
                  ("user"),
                roles: [userRole]
        )
        userUser.save(failOnError: true, flush: true)
    }
}
```

代码 9.20　配置项目启动时添加必要的角色与用户

重新启动项目后即可在数据库中查询到 admin、user 用户信息，并且添加角色。

(3) **添加登录访问**

在默认创建的 AuthInterceptor 文件中，拦截器直接返回 true，没有配置访问权限，这里修改该文件内容，如代码 9.21 所示。

```
class AuthInterceptor {
    int order = HIGHEST_PRECEDENCE + 100

    // 拦截除AuthController外的请求
    AuthInterceptor() {
        matchAll().excludes(controller: "auth")
    }

    // 只有管理员可以访问
    boolean before() {
        accessControl {
            role("ADMIN")
        }
    }

    boolean after() { true }
}
```

代码 9.21　添加登录认证拦截器

修改完成后，除对 AuthController 的访问无须校验登录状态与权限外，对其他控制器的访问都需要校验状态与权限，并且仅有 Admin 角色的人员可以访问。这里需要注意，如果不将 AuthController 排除，会造成重复跳转，无法访问的问题。

添加 accessControl 闭包之后，如果校验登录失败，默认会跳转到 AuthController 的 login；如果校验权限失败，则会将 HTTP 状态码改为 403。如果需要根据项目情况来定制默认动作，可以查看 grails-shiro 插件的说明文档，在 application.yml 文件中添加配置信息。

到这里我们就介绍完了 grails-shiro 插件的基本使用方法，接下来我们根据当前项目，对权限、页面进行修改。

（4）**根据权限控制页面显示**

grails-shiro 插件提供了判断权限、角色的 taglib，如 hasRole、hasPermission 等。这里以左侧导航栏显示内容为例，判断当前用户是否有对应的访问权限，如果有的话，则显示，如果没有，则不显示。

在 grails-app/views/layouts/_left_nav.gsp 文件中我们可以为每个链接添加权限，以 student.index 为例，如代码 9.22 所示，通过 hasPermission 标签，判断当前用户是否有 student:index 的权限，如果有访问权限则显示链接，否则不显示链接。

```
<shiro:hasPermission permission="student:index">
    <li>
        <g:link controller="student" action="index">Student</g:
            link>
    </li>
</shiro:hasPermission>
```

代码 9.22　在 GSP 页面中判断用户权限

如果有其他内容需要根据权限来判断是否显示，只需仿照代码 9.22 的形式编写，修改相应的 permission 参数和标签体内容。

（5）**修改 accessControl 权限控制**

我们对页面的显示做了权限判断，但是仅仅在页面上做判断显然是不行的，如果访问者不单击页面链接，直接发起链接访问，仍然无法控制访问权限。因此我们还需要在 AuthInterceptor 中进行访问权限的详细配置。

我们修改 AuthInterceptor 文件，如代码 9.23 所示。

```
boolean before() {
    String ps = ''
    if (params.get('controller')) {
        ps += "${params.get('controller')}"
        if (params.get('action'))
            ps += ":${params.get('action')}"
        else {
            ps += ":index"
        }
```

```
        if (params.get('id')) {
            ps += ":${params.get('id')}"
        }
    }
    accessControl {
        permission(ps)
    }
}
```

代码 9.23　登录认证拦截器中添加判断逻辑

根据当前访问的链接，我们通过构造权限字符串来判断登录用户是否有对应权限。拦截器中可以实现更加复杂的逻辑，实现灵活配置各项权限。

9.6　自定义 Action 和 Service 使用

我们使用 Grails 框架自带的脚手架相关功能，完成了基本业务逻辑的实现，没有太多需要开发人员编写的代码。这里我们以导入数据为例，讲解如何编写业务所需的特殊逻辑代码。

在一般的业务系统中，导入和导出数据是最常见的数据处理场景。以当前学生信息管理系统为例，每个模型都需要一定的数据交互能力，我们就以 CardType 为例，讲解如何从头编写和组织自定义的业务逻辑代码。

（1）**创建 Action**

首先我们在 CardTypeController 中添加 importData() 和 import() 方法，如代码 9.24 所示。

```
def importData() { }
// 由于import 为关键字，使用其作为方法名称时需要放在引号中，以便和关键字功能进行区分。
def "import"() {
    println(params) // 输出接收到的参数
}
```

代码 9.24　控制器中添加自定义方法

这里我们先不实现完整的业务逻辑，首先完成前后端的交互流程。在 grails-app/views/cardType 目录下创建 importData.gsp 文件（文件名与 Action 名称相对应，框架会自动绑定）。在 importData.gsp 文件中，我们仿照前面章节写的 GSP 模板文件，编写导入页面。详细的页面代码可以查看代码仓库，这里仅展示 form 标签内容，如代码 9.25 所示。

```
<g:form action="import" method="POST" class="form-horizontal">
    <div class="form-group">
        <label for="importData" class="col-sm-2 control-label">
            <g:message code="cardType.importData.label" default="
                Import Data"/>
        </label>

        <div class="col-sm-10">
            <g:textArea name="importData" id="importData" value="$
                {params.get('importData')}" required="required"
                rows="5"
                          class="form-control"/>
        </div>
    </div>
    <fieldset class="buttons">
        <div class="form-group">
            <div class="form-group">
                <div class="col-sm-offset-2 col-sm-10">
                    <g:submitButton name="import" class="btn btn-
                        default"
                                      value="${message(code: '
                                        default.button.import.label
                                        ', default: 'Import')}"/>
                </div>
            </div>
        </div>
    </fieldset>
</g:form>
```

代码 9.25　importData.gsp 文件中编写表单部分

g:form 标签中指定表单的提交路径为 import() 方法，提交方式为 POST，表单中只有一个字段，名称为 importData() 。

以上两个文件添加、修改完成后，我们可以在浏览器中访问 http://localhost:8080/card Type/importData，即可显示文本框。此时我们可以在文本框中随意输入内容，单击下方 Import 按钮，页面会提示 500 错误，显示无法找到 import() 方法对应的页面，这是因为我们没有像创建 importData() 一样创建 import.gsp 文件。这个问题暂时忽略。

我们切换到 IDEA，查看运行输出控制台，可以看到输出了传递过来的所有参数。输出必要信息是很好的调试方式，以后的开发过程中读者可以注意使用。

以上流程展示了整个交互过程和跳转过程，确定能接收到参数后，我们可以开始编写业务逻辑部分的代码。

（2）**编写导入数据业务逻辑的代码**

处理前端传递过来的数据使用的是 import() 方法，我们按照处理过程，编写代码 9.26 所示的内容。

```
def "import"() {
    // 接收参数
    String text = params.get("importData")
    if (!text) {
        flash.message = "导入数据为空"
        flash.messageType = 'error'
        render(view: "importData")
        return
    }

    // 解析数据
    String[] lines = text.split("\n")
    def errMsg = []
    lines.eachWithIndex{ String s, int i ->
        def ss = s.trim().split("\\s")*.trim()
        if (ss.size() != 2) {
            errMsg.add(''记录\''$s\ '' 格式错误'')
            return
        }
        if (CardType.findByCode(ss[1])) {
            errMsg.add(''记录\ '' $s\'' 对应的CODE已经存在'')
            return
        }

        def cardType = new CardType(name: ss[0], code: ss[1])
        cardType.save(failOnError: true)
    }

    // 显示处理结果
    def errmsg = errMsg.join("\n")
    if (errmsg) {
        flash.message = errmsg
        flash.messageType = 'error'
```

```
        } else {
            flash.message = ''导入成功''
            flash.messageType = 'info'
        }

        // 跳转至导入界面
        redirect(action: importData())
    }
```

代码 9.26 编写 import() 方法

在这段代码中，我们首先对传递过来的参数进行判断。在任何 Action() 方法中都需要注意对前端传递来的数据进行校验，以防出现不必要的错误。然后解析传递来的数据，判断无误后创建 CardType 记录并保存该记录。最后将处理结果以文本形式在页面中显示，并跳转到 importData 页面。

在处理 errmsg 时需要注意的是，errmsg 是一系列字符串通过 \n 回车换行符连接的，对应到前端页面上显示时的处理如代码 9.27 所示。

```
<%@page defaultCodec="none" %>
...
<g:if test="${flash.message}">
<div class="message alert alert-${flash.messageType == 'error' ? '
    danger' : 'info'}" role="status">
        ${flash.message.toString().replaceAll("\n", "<br/>")}
            //替换为标签
    </div>
</g:if>
...
```

代码 9.27 显示 flash.message 信息

显示时将 \n 替换为
，并将 defaultCodec 设置为 none，这样处理完成的带 br 标签的字符串显示时会被直接解析为 HTML，调整了显示效果。读者可以自行调节，来观察显示情况。

（3）**重新组织代码结构**

在 Grails 框架中，我们通常将相对较复杂的、涉及数据读取和写入的业务逻辑写在 Service 中，以此将业务逻辑和显示控制进行分离，代码也可以获得更好的可读性。因此，在这个业务场景中，我们将 import() 方法中业务逻辑部分写入 CardTypeService.groovy 文件。

我们通过 grails create-service CardType 命令创建 CardTypeService.groovy 文件，并添加 parseText() 方法处理主要的导入逻辑，如代码 9.28 所示。

```
def parseText(String text) {
    String[] lines = text.split("\n")
    def errMsg = []
    lines.eachWithIndex{ String s, int i ->
        def ss = s.trim().split("\\s")*.trim()
        if (ss.size() != 2) {
            errMsg.add("记录 \"${s}\"格式错误 ")
            return
        }
        if (CardType.findByCode(ss[1])) {
            errMsg.add("记录 \"${s}\" 对应的CODE已经存在")
            return
        }

        def cardType = new CardType(name: ss[0], code: ss[1])
        cardType.save(failOnError: true)
    }

    return errMsg.join("\n")
}
```

代码 9.28　提取数据解析方法到 Service 文件

CardTypeController.groovy 文件仅保留基本的参数校验、信息反馈和页面跳转功能，改为代码 9.29 所示的内容。

```
def cardTypeService
def "import"() {
    // 接收参数
    String text = params.get("importData")
    if (!text) {
        flash.message = ''导入数据为空''
        flash.messageType = 'error'
        render(view: "importData")
        return
    }

    // 解析数据并创建数据记录
    def errmsg = cardTypeService.parseText(text)
    if (errmsg) {
```

```
            flash.message = errmsg
            flash.messageType = 'error'
        } else {
            flash.message = ''导入成功''
            flash.messageType = 'info'
        }

        // 跳转至导入界面
        redirect(action: importData())
    }
```

代码 9.29 使用 Service 简化控制器中的逻辑

通过以上结构调整，我们得到更加清晰的代码，便于后期维护。

（4）**导出数据**

导出数据我们使用 Export 插件，在 build.gradle 文件中加入 compile" org.grails.plugins: export:2.0.0"，即可引入插件。根据插件使用文档，我们对项目进行以下更改。

- 在 grails-app/views/layouts/main.gsp 文件中，往 head 标签内加入 <export:resource />，引入插件自带的 CSS 等资源文件。
- 在 src/main/templates/scaffolding/index.gsp 文件中，加入 <export:formats formats= " ['csv', 'excel', 'ods', 'pdf', 'rtf', 'xml']" action="export" />，在页面上显示每种格式的导出链接，并指定导出时使用的方法为 export()。
- 在每个模型对应的控制器文件中创建 export() 方法，以 CardTypeController 为例，如代码 9.30 所示。

```
    def export() {
        if(params?.f && params.f != "html"){
            //指定contentType
            response.contentType = grailsApplication.config.grails.
            mime.types[params.f]
            //指定响应的Header
            response.setHeader("Content-disposition", "attachment;
            filename=books.${params.extension}")
            //指定导出数据的属性
            List fields = ["name", "code"]
            //指定属性对应的名称
            Map labels = ["name":"名称","code":"编码"]
            //根据Export插件说明，配置必要信息
            Map parameters = [title: "Cool books", "column.widths":
            [0.2, 0.3], 'header.enabled': true, "xml.root": 'book',
```

```
            'depth': 1]
        //调用Export插件的export()方法导出数据
        exportService.export(params.f, response.outputStream,
            CardType.list(params), fields, labels, [:],
        parameters)
    }
}
```

代码 9.30　编写数据导出方法

在代码 9.30 中，我们对需要导出的字段以及字段对应的名称进行定义，同时加入一些控制参数，具体含义可以参照插件的使用文档，这里不再详细说明。需要指出的是，导出时的记录列表为 CardType.list(params) 查询到的记录，这里可以根据不同的场景传入不同的参数以实现自定义查询，此处不再详细讲述。

我们仿照以上代码，在 CardTypeController、AdClassController、CurriculumController、SchoolController、StudentController、TeacherController 中都添加对应的 export() 方法，用来处理导出请求。

至此，完成了导出功能的编写。

9.7　记 录 查 询

查询记录是对数据的基本操作，在脚手架生成的功能中不包括记录查询，这里我们手动创建查询功能，仍然以 CardType 为例。

9.7.1　添加查询表单

我们依照/src/main/templates/scaffolding/index.gsp，创建 grails-app/views/cardType/index.gsp，同时添加查询表单代码，如代码 9.31 所示。

```
<g:form action="index" method="GET">
    <div class="panel panel-default">
        <div class="panel-heading">
            <h3 class="panel-title pull-left">
                <g:message code="default.search.message" default="
                    Search"/>
            </h3>

            <div class="pull-right">
                <my:maxSelect name="max" id="max" value="${params.
                    get('max')}"/>
```

```
                </div>
                <div class="clearfix"></div>
            </div>
            <div class="panel-body">
                <div class="navbar-form navbar-left">
                    <div class="form-group">
                        <g:textField name="name" id="name"
                                     placeholder="${message(code: "
                                         cardType.name.label", default
                                         : "Name")}"
                                     value="${params.get('name')
                                          ?: ''}" class="form-control"/
                                         >
                    </div>
                    <div class="form-group">
                        <g:textField name="code" id="code"
                                     placeholder="${message(code: "
                                         cardType.code.label", default
                                         : "Code")}"
                                     value="${params.get('code')
                                          ?: ''}" class="form-control"/
                                         >
                    </div>
                    <button type="submit" class="btn btn-success">
                        <g:message code="default.search.message"
                            default="Search"/>
                    </button>
                </div>
            </div>
        </div>
    </g:form>
```

代码 9.31　脚手架模板文件中添加查询功能

在代码 9.31 中，我们使用到了 my:maxSelect 标签，该标签在 grails-app/taglib/gbook/campus/MyTaglib.groovy 中添加，如代码 9.32 所示。

```
    def maxSelect = { attrs, body ->
        attrs['from'] = [10, 20, 30, 50, 100]
        attrs['class'] = 'form-control'
```

```
        out << g.select(attrs)
    }
```

代码 9.32　添加 maxSelect 自定义标签

此时我们访问 http://localhost:8080/cardType/index 可以查看显示效果。

另外，查询的过程中会遇到分页的情况，默认的分页跳转链接不包括查询信息，因此我们需要在 p:paginate 标签中添加查询参数，通过查看 paginate 的代码，我们知道可以将 params 参数传入，这样分页链接中就会携带查询参数，如代码 9.33 所示。

```
<g:paginate total="${cardTypeCount ?: 0}" params="${params}"/>
```

代码 9.33　添加分页参数

到这里我们便将查询表单的页面显示的代码编写完成，接下来编写控制器中的查询逻辑。

9.7.2　编写 index() 方法

脚手架默认生成的 index() 方法无法接收搜索参数，需要重新编写 index() 方法，如代码 9.34 所示。

```
def index(Integer max) {
    params.max = Math.min(max ?: 10, 100)
    def criteria = CardType.createCriteria()
    def cardTypeList = criteria.list(params) {
        if (params.get('name'))
            ilike('name', '%' + params.get('name').toString() + '%
                ')
        if (params.get('code'))
            ilike('code', '%' + params.get('code').toString() + '%
                ')
        order('code', 'asc')
    }
    respond cardTypeList, model: [cardTypeCount: cardTypeList.
        totalCount]
}
```

代码 9.34　重写 index() 方法

通过创建查询模糊匹配接收到的 name 和 code 参数，按照 code 的升序排序。params 中携带了 max 和 offset 参数，max 参数由页面查询表单确定，offset 参数由 p:paginate 标签生成的链接确定。在返回的内容中，我们使用到了 totalCount 参数，该参数返回所有满足条件的记录的数目，并不仅限于 cardTypeList 中包含的记录数。(因为有分页的情况存在)。

9.7.3 联合查询

当模型之间存在级联关系时，会涉及使用联合查询功能。如 AdClass 类中包含 School、Teacher 两个属性，这两个属性对应两个模型，此时如想按照 school 或者 headmaster 查询，则需要联合查询。

这里我们使用代码 9.35 所示的形式对 AdClass 记录进行查询。

```
// grails-app/controllers/gbook/campus/AdClassController.groovy
def index(Integer max) {
    params.max = Math.min(max ?: 10, 100)
    def criteria = AdClass.createCriteria()
    def adClassList = criteria.list(params) {
        if (params.get('classNum'))
            ilike('classNum', '%' + params.get('classNum').
                toString() + '%')
        if (params.getLong('school')) {
            school {
                eq('id', params.getLong('school'))
            }
        }
        if (params.get('headmaster')) {
            headmaster {
                or {
                    ilike('badgeNumber', '%' + params.get('
                        headmaster').toString() + '%')
                    ilike('name', '%' + params.get('headmaster').
                        toString() + '%')
                }
            }
        }
        order('classNum', 'asc')
    }
    respond adClassList, model: [adClassCount: adClassList.
        totalCount]
}
```

代码 9.35 使用联合查询

在代码 9.35 中，我们使用 school 和 headmaster 属性两个字段名称，作为组合查询时的节点名称，并分别针对两个模型添加查询条件，如 headmaster 可以根据班主任老师的工号或者姓名，使用模糊匹配的形式，采用 OR 连接进行查询，其中 badgeNumber 和 name 分别对应 Teacher.groovy 中的两个字段。查询功能的测试可以参照 9.9.2 节。

9.8 多租户的实现

在当前的软件应用模式中，软件即服务（Software-as-a-Service，SaaS）越来越得到重视并且逐渐成熟。SaaS 即将软件服务化，以往软件是作为商品出现的，SaaS 概念中软件则是以服务的形式存在，软件成为支撑服务的后台系统，用户无须感受软件的存在，只需关注所用到的服务。这样的改变也使得软件的开发产生了变化：将商品的交付变成了服务的交付。从另一个角度来看，软件也应该拥有为不同用户提供同质服务的能力，这就是我们本节要实现的“多租户”。

在实例项目中，我们实现的是学生信息、课程管理的系统，如果该系统只为一所学校提供服务，当前的形式使用起来不会产生什么问题。但如果我们想同时为多个学校提供学生课程管理服务呢？比如我们想同时为北京大学和北京理工大学两所学校提供服务。本节我们就以这个需求为前提来实现多租户。

（1）**配置多租户**

多租户需要配合多数据源来实现，以 3.10 节为参考，我们首先按照代码 9.36 启用多租户。使用 DATABAE 实现多数据源，即每个租户的数据分别存放在不同的数据库中，配合多数据源使用。多租户的解析程序使用 SubDomainTenantResolver ，即根据当前请求的域名来区分不同的租户。

```
grails:
    gorm:
    multiTenancy:
        mode: DATABASE
        tenantResolverClass: org.grails.datastore.mapping.multitenancy
            .web.SubDomainTenantResolver
```

代码 9.36 多租户配置

配置多数据源时，我们在 MySQL 命令行中创建 3 个数据库，分别是 gbook-campus-default、gbook-campus-bit、gbook-campus-pku，第一个数据源为默认使用的数据源，后面两个数据源为每个租户对应的数据源，并配置数据源，如代码 9.37 所示。

```
dataSource:
        dbCreate: update
```

```
    driverClassName: com.mysql.jdbc.Driver
    username: root
    password: root
    url: jdbc:mysql://localhost:3306/gbook-campus-default?
        useUnicode=true&characterEncoding=UTF-8
    dialect: org.hibernate.dialect.MySQL5InnoDBDialect
dataSources:
    bit:
        url: jdbc:mysql://localhost:3306/gbook-campus-bit?
            useUnicode=true&characterEncoding=UTF-8
    pku:
        url: jdbc:mysql://localhost:3306/gbook-campus-pku?
            useUnicode=true&characterEncoding=UTF-8
```

代码 9.37 配置多数据源

（2）**实现 CardType 类的多租户形式**

我们首先以 CardType 模型为例实现多租户。修改 CardType.groovy 文件，如代码 9.38 所示。

```
package gbook.campus

import grails.gorm.MultiTenant

class CardType implements MultiTenant<CardType> {

    String name
    String code

    static constraints = {
        name nullable: false, blank: false
        code nullable: false, blank: false
    }

    String toString() {
        "${name}(${code})"
    }
}
```

代码 9.38 配置 CardType 为多数据源

然后将 CardType 对应的 Controller、Service 按照 9.38 节更改实现，并为两个类分别添加 @CurrentTenant 注解。

这里需要注意的是，@CurrentTenant 注解无法在脚手架模板中使用，因此模板中默认实现的 list() 、show() 、delete() 、edit() 、update() 等方法需要在控制器中显式实现。

到这里，基本完成了 CardType 类的多租户配置，代码可以参考代码库。

启动项目后，可以看到在 3 个数据库中均生成了 card_type 数据表，通过访问 http://pku.localhost:8080/来使用 gbook-campus-pku 数据库；通过访问 http://bit.localhost:8080/来使用 gbook-campus-pku 数据库，实现了每个租户分开存储和使用各自的 CardType 数据，其他模型的数据则来自 gbook-campus-default 。

SubDomainTenantResolver 实现了根据二级域名来确定租户的功能，而二级域名名称是通过数据源名称确定的，即根据代码 9.37 中定义的数据源来确定。我们可以分别在两个数据库中插入数据来观察存储情况，了解多租户的含义。

（3）实现 Shiro 插件的多租户

Shiro 插件实现了用户的管理以及权限分配，默认没有实现多租户的形式，因此需要我们手动实现多租户。

依照 CardType.groovy 文件，我们修改 ShiroUser.groovy 、ShiroRole.groovy 两个文件。然后针对涉及数据读取和写入的类添加 @CurrentTenant 注解，这里有 4 个类，分别为 AuthController 文件、AuthInterceptor 文件以及 ShiroWildcardDbRealm.groovy 文件中的两个类 ShiroWildcardDbPrincipalHolder 和 ShiroWildcardDbRealm 。

需要注意的是，我们使用 SubDomainTenantResolver 为多租户的引擎，因为在 BootStrap.groovy 中未产生访问，无法确定租户，所以 init 闭包中初始化用户、角色的代码无法执行，这里需要注释掉这部分代码。

项目启动后则可以实现每个租户使用自己的数据。

9.9　项目测试

前面我们讲解了项目的模型建立、页面调整、控制器和服务层的编写，为了验证这些功能，我们需要编写一些脚本辅助进行测试。

9.9.1　测试模型约束条件

在每个模型中我们都定义了一些基本属性，并对每个属性添加了一些约束条件。这里我们可以通过编写测试文件来验证约束条件是否正确。

根据第 7 章的介绍，我们以 Student 模型为例编写测试文件，如代码 9.39 所示，编写 StudentSpec.groovy 文件。因为在校验模型的约束条件时涉及模拟数据操作，所以需要添加 DataTest 特征，并通过 mockDomain Student 指定模型为 Student。我们在 void "test constraints"() 方法中添加了多个测试样例，并为每个样例预设输出结果。运行测试可以得到测试结果，如果未全部通过，IDEA 会生成测试报告文件。

```
// file: src/test/groovy/gbook/campus/StudentSpec.groovy
class StudentSpec extends Specification implements
DomainUnitTest<Student>, DataTest {
    void setupSpec() {
        mockDomain Student // 模拟数据操作
    }
    // 测试约束条件
    void "test constraints"() {
        when: 'mobile constraint' // 测试手机号校验:非法手机号
        domain.mobile = '1381000080'
        then: 'failed'
        !domain.validate(['mobile'])
        domain.errors['mobile'].code == 'illegal'

        when: 'name constraint' // 测试姓名字段长度: 超过最大长度
        domain.name = "a" * 100
        then: 'failed'
        !domain.validate(['name'])
        domain.errors['name'].code == 'maxSize.exceeded'

        when: 'gender constraint' // 测试性别是否在候选列表中
        domain.gender = 'male'
        then: 'failed'
        !domain.validate(['gender'])
        domain.errors['gender'].code == 'not.inList'

        when: 'name, mobile, gender validate success'
        domain.mobile = '13200900000'
        domain.name = 'Bob'
        domain.gender = '男'
        then: 'success'
        domain.validate(['mobile', 'name', 'gender'])
    }
}
```

代码 9.39　Student 模型的约束测试

其他模型中的约束条件可以采用同样的方式进行测试，常见的约束条件如 maxSize、inList 等一般不会出现问题，测试时可以将重点放在自定义约束条件上，同时要注意边界条件的测试。

9.9.2　测试控制器方法请求

模型测试类实现了 DomainUnitTest 特征，控制器测试类则实现了 ControllerUnitTest 特征，这里我们以 AdClass 控制器的 index() 方法为例，讲解控制器方法的测试。

AdClassController 的 index() 方法实现了数据的联合查询，我们通过编写代码 9.40 所示的测试脚本进行测试。在代码 9.40 中，我们首先模拟添加 School、Teacher、AdClass 数据。因为测试代码中涉及数据的读取，所以不能使用 void setupSpec() { mockDomains School, Teacher, AdClass }这样的模拟数据操作的设置，而应该使用集成 Integration 和回滚 @Rollback 注解。

```
//file: src/test/groovy/gbook/campus/AdClassControllerSpec.groovy
@Integration // 集成测试
@Rollback // 数据回滚
class AdClassControllerSpec extends Specification implements
ControllerUnitTest<AdClassController>, DataTest {
    void "测试联合查询"()
        given: "初始化数据"
        def schoolList = [new School(code: 'school001', name: '学院001'),
                          new School(code: 'school002', name: '学院002'),
                          new School(code: 'school003', name: '学院003')]
        def headmasterList = [new Teacher(name: '王老师', badgeNumber:
              'teacher001', idCardNumber: 'idCard001', mobile: '13456789001'),
                              new Teacher(name: '李老师', badgeNumber:
                              'teacher002', idCardNumber: 'idCard002',
                              mobile: '13456789002'),
                              new Teacher(name: '郭老师', badgeNumber:
                              'teacher003', idCardNumber: 'idCard003',
                              mobile: '13456789003')]
        def schoolRecList = School.getAll(School.saveAll(schoolList)) // 无法使用
        模拟数据操作
        def headmasterRecList = Teacher.getAll(Teacher.saveAll(
            headmasterList))

        List<AdClass> classList = [new AdClass(classNum: 'class001',
            school: schoolRecList.get(0), headmaster: headmasterRecList
            .get(0)),
```

```
                                        new AdClass(classNum: 'class002',
                                            school: schoolRecList.get(1),
                                            headmaster: headmasterRecList.
                                            get(1)),
                                        new AdClass(classNum: 'class003',
                                            school: schoolRecList.get(2),
                                            headmaster: headmasterRecList.
                                            get(2))]
        AdClass.saveAll(classList)
        when: "查找班号包含'class00'、教师姓名中包含'郭'、在学院'school003'的班级"
        params['classNum'] = 'class00'
        params['school'] = schoolRecList.get(2).id
        params['headmaster'] = '郭'
        controller.index()

        then:
        model.adClassCount == 1
        model.adClassList*.classNum == ['class003']
    }
}
```

代码 9.40 编写联合查询测试脚本

在代码 9.40 中，given 块实现数据的初始化，添加 @Rollback 注解后，在测试文件执行结束时数据会回滚，不会持久化到数据库。这里我们添加 School、Teacher、AdClass 数据各 3 条，并做关联关系。代码 when 块初始化网络请求参数，这里即设置联合查询的查询条件，并通过 controller.index() 方法发起请求。代码 then 块对 AdClassController.index() 方法返回的 model 参数进行判断。

9.9.3 集成测试服务层功能

9.9.2 节使用集成测试的方式对控制器进行了测试，在这一小节中，我们使用集成测试的方式对服务层功能进行测试，以导入 AdClass 数据记录为例。

首先我们在项目根目录下使用./grailsw create-intergration-test AdClassService 命令创建 src/integration-test/groovy/gbook/campus/AdClassServiceSpec.groovy 集成测试文件，并按照代码 9.41 编写测试脚本。

```
@Integration
@Rollback
class AdClassServiceSpec extends Specification {
```

```
    @Autowired AdClassService adClassService // 注入组件
    def setup()  // 初始化数据
        def teacher = new Teacher(name:  '王老师', badgeNumber:  'teacher001',
        idCardNumber: 'idCard001', mobile: '13456789001').save()
        def school = new School(code:  'school001', name:  '学院001').save()
    }

    void "test importData"() {
        when:
        def importData = """classimport001 学院001 teacher001
classimport001 学院001 teacher001 classimport002 学院001
teacher00 classimport002 学院001 teacher001 classimport003
学院002 teacher001"""
        def msg = adClassService.parseText(importData)

        then:
        msg == """记录"classimport001 学院001 teacher001" 对应的班级已经存在
记录"classimport002 学院001 teacher00" 对应的教师不存在记录
"classimport003 学院002 teacher001" 对应的学院不存在"""

        and:
        AdClass.count() == 2
    }
}
```

代码 9.41　编写数据导入测试脚本

测试脚本中，我们首先添加集成测试和回滚的注解，然后注入 AdClassService 组件，并在测试启动时初始化数据。测试过程中我们可以直接调用 parseText() 方法并传入参数。我们通过判断测试目标方法返回值来确定是否通过测试，并且可以使用 and 块添加其他的测试条件。

9.10　构建部署

完成 Grails 应用程序的开发后，我们需要部署 Grails 应用来向用户提供服务。Grails 应用有两种部署方式 —— 独立部署和容器部署，在本节中，我们介绍一下如何部署应用。

9.10.1　独立部署

在本节之前，我们运行 Grails 应用都是通过 grails run-app 命令。该命令在测试环境中非常有用，因为该命令自动使用测试环境的配置，且使用了内嵌的 Tomcat 服务器来支持热部署。因此在测试环境中，该命令可以极大提高我们的开发效率。除了在测试环境中使用该命令，我们也可以通过指定该命令的运行环境将应用部署在生产环境中，如下。

```
grails prod run-app
```

该方式理论上是可行的，但一般情况下不会在生产环境中使用这种方式部署。因为这种方式需要将项目源代码放在生产环境的服务器上，这不仅会使应用有更高的安全风险，还需要在服务器上单独安装 Grails 框架的运行环境。

除以上方式之外，Grails 框架还提供了另一种独立部署的方式，我们可以将 Grails 应用打包为可执行的 JAR 包或 WAR 包，并通过以下命令执行 WAR 包，启动应用。

```
java -Dgrails.env=prod -jar build/libs/gbook-campus-0.1.war
```

9.10.2 容器部署

在 Grails 项目的根路径下运行 grails package 命令，此时在 build/libs/ 目录下会生成一个 WAR 包，生成该 WAR 包后我们可以直接执行该 WAR 包来启动应用。

在生产环境中，通常我们都会将应用部署到 Web 容器中，常见的 Web 容器有 Tomcat、Jetty、WebLogic 等。部署应用到容器时，首先需要将项目打包为 WAR，在 Grails 框架中使用 grails war 命令来打包应用。该命令将会在 build/libs/ 下生成可部署在容器中的 WAR 文件，并且 WAR 部署后默认以生产环境的参数运行。

打包时需要注意，Grails 框架默认内嵌了一个 Tomcat 服务器，如果在生产环境中使用了与内嵌版本不一致的 Tomcat 容器部署应用，可能会导致应用部署失败。因此，比较稳妥的做法是将内嵌的 Tomcat 依赖的作用域修改为 provided，使其只在编译和测试时生效，不会将依赖打包进 WAR。在 build.gradle 文件中修改为：

```
provided "org.springframework.boot:spring-boot-starter-tomcat"
```

打包完成后，将生成的 WAR 放置于 Web 容器的运行环境中即可完成部署。

9.10.3 使用 Docker 镜像

在部署时通常需要设置服务器的环境，包括安装 JDK、Tomcat 等工具。为简化部署时的工作，我们可以借助 Docker 来帮助我们自动设置服务器环境。

这里我们以 Jetty 的 Docker 镜像为例，实际部署 Web 应用。

与前面章节下载并运行 MySQL 镜像相似，这里同样需要首先下载 Jetty 镜像。Jetty 镜像可以在 Docker 官方镜像库中搜索到，下载时可以在服务器中通过 docker pull jetty 命令来完成。

```
$ docker pull jetty:9.4-jre8
9.4-jre8: Pulling from library/jetty
...
Status: Downloaded newer image for 9.4-jre8
```

Jetty 镜像下载完成后，我们可以通过 docker images 命令查看已下载的镜像。

```
$ docker images
REPOSITORY    TAG        IMAGE ID      CREATED       SIZE
jetty         9.4-jre8   dc6b435c671e  2 weeks ago   258MB
```

可以看到 Jetty 镜像已下载到服务器环境中。

根据 jetty 容器使用手册我们可以知道，默认的应用系统发布目录在容器的/var/lib/jetty/webapps 目录下，我们可以将打包得到的 WAR 文件挂载到该目录下，并启动容器。如我们打包得到的 WAR 名称为 gbook-campus-0.1.war，通过 docker run –name gbook-campus -p 8080:8080 -v path-to-gbook-campus/gbook-campus-0.1.war:/var/lib/jetty/webapps -d jetty 命令启动容器。启动容器后，我们可以通过 docker container list 命令查看已启动的 Docker 容器。

```
$ docker container list
CONTAINER ID  IMAGE           ...  STATUS                   NAMES
45c3b7c8dd1b  jetty:9.4-jre8  ...  0.0.0.0:8080->8080/tcp   gbook-campus
```

容器成功启动后，在浏览器中输入地址 http://localhost:8080/gbook-campus，便可打开网站。

9.10.4 启用 HTTPS

为保证应用在网络传输过程中的安全，越来越多的 Web 应用开启了 HTTPS，通常通过容器部署的应用可以通过对容器配置的修改来支持 HTTPS，这里我们只介绍独立部署时如何配置 HTTPS。独立部署 HTTPS 的方式很简单，在申请安全证书并将安全证书文件上传到服务器之后，我们只需要在 application.yml 中增加代码 9.42 所示的配置。

```
server:
    port: 8443                                         # The port to
        listen on
    ssl:
        enabled: true                                  # Activate
            HTTPS mode on the server port
        key-store: <the-location-of-your-keystore>     # e.g. /etc/
            tomcat7/keystore/tomcat.keystore
        key-store-password: <your-key-store-password>  # e.g.
            changeit
        key-alias: <your-key-alias>                    # e.g. tomcat
        key-password: <usually-the-same-as-your-key-store-password>
```

代码 9.42 配置 HTTPS

9.11 本 章 小 结

本章通过从头创建一个应用实例，从业务建模、逻辑实现、页面显示到应用部署进行了讲解，对数据库、脚手架、模板文件、安全认证、多租户等技术的使用进行了展示，以期能够帮助读者进一步了解 Grails 框架，并引导读者学习各部分组件的使用方式。希望读者通过该实例能够学会如何根据自己的业务场景创建一个 Web 应用，实现对应的业务逻辑。